李营华 编著

恒星，
银河系，河外星系

Star

河北出版传媒集团
河北科学技术出版社

图书在版编目（CIP）数据

恒星，银河系，河外星系 / 李营华编著 . — 石家庄：
河北科学技术出版社 , 2012.11（2024.1 重印）
（青少年科学探索之旅）
ISBN 978-7-5375-5541-8

Ⅰ . ①恒… Ⅱ . ①李… Ⅲ . ①星系－青年读物②星系
－少年读物 Ⅳ . ① P15-49

中国版本图书馆 CIP 数据核字 (2012) 第 274616 号

恒星，银河系，河外星系

李营华　编著

出版发行	河北出版传媒集团　　河北科学技术出版社	
地　　址	石家庄市友谊北大街 330 号（邮编：050061）	
印　　刷	文畅阁印刷有限公司	
开　　本	700×1000　　1/16	
印　　张	9.5	
字　　数	100000	
版　　次	2013 年 1 月第 1 版	
印　　次	2024 年 1 月第 4 次印刷	
定　　价	32.00 元	

如发现印、装质量问题，影响阅读，请与印刷厂联系调换。

前　言

　　青少年朋友对浩瀚的星空有强烈的好奇心和探索欲望。为了满足青少年朋友了解星空奥秘，激发他们热爱科学、学习科学的热情，我们编写了《恒星，银河系，河外星系》这本书。本书用生动幽默的语言，风趣简洁的插图，深入浅出、系统地介绍了宇宙、恒星、星系、类星体等天文科学知识。

　　与众不同的是，书中精心设计了许多我们日常生活中就可以做的有趣的小实验，使青少年朋友在了解神秘星空的同时，掌握了许多探索科学的方法。读完本书，青少年朋友就会了解到科学其实离我们并不遥远，科学就在我们身边，从而进一步增强青少年朋友探索未知世界的勇气和信心。

　　在过去，神秘的星空是那样的可望而不可即。但是，随着现代科学技术的发展，人们对宇宙的了解越来越深，特别是自20世纪50年代以来，人类发射了许多宇宙探测器，它们成了我们地球人的"特使"，飞向太空，去"访问"一个又一个宇宙"朋友"，获得了许多新的发现。

　　在书中，你可以了解到恒星的生老病死、浩瀚宇宙中的星系群、神秘莫测的黑洞；在书中，你可以看到恒星中的"良民"，也可看到太空"抢劫案"；在书中，你既可看到天上的"神灯"，又能看到恒星临死前的"回光返照"。不仅如此，人类已于1969年第一次离开地球，在月球上留下了自己的脚印，在不远的将来，人类还将登上火星甚至更遥远的星球。科学家们甚至正计划在其他星球上建设人类的居所、工厂和实验室，到其他星球上去生活、工作……

人类不仅仅属于地球，人类更属于浩瀚无边的宇宙。21世纪将是人类走向太空的世纪，今天的青少年朋友，明天将成为宇宙的主人！

李营华

2012年10月于北京

目　录

一、恒星家族里的故事

晴朗的夜晚，仰望满天繁星，如果你仔细观察，就会发现星星和星星也不一样：它们有的看上去大一些，有的看上去小一些；有的发蓝，有的发白，有的却红灿灿的像天边晚霞的颜色；有几颗在慢慢移动，绝大多数星星却一动也不动。那么天上的这些星星，到底是些什么东西呢？它们是一家"人"吗？

原来，那几颗"移动的星星"，实际上是我们地球的几个"兄弟姐妹"。它们和我们地球一样，也围着太阳转，也不会发光，它们发出的光实际上是反射太阳的光，因为它们在天空的位置总在"动"，好像在夜空中"行走"似的，所以，古代人把它们叫作"行星"。

恒星真的就恒定不动吗

除了几颗行星以外，其他星星都和太阳一样，是会发光发热的大"火球"，只是因为这些星星离我们太远，看上去它们的光很微弱，也感觉不到它们的热罢了。另外，这些星星和那几颗行星不一样，它们在天空相互之间的位置好像永远不动"恒定"在那儿似的，所以，古代的人把它们叫作"恒星"。现代科学家们经过观察和研究发现，"恒星"实际上也在动，只不过因为它们离我们太遥远，我们用肉眼很难发现它们移动罢了。既然古代人已经给它们起名叫"恒星"，我们也没必要再为它们"改名换姓"了，只要我们知道："恒星"并不是真的"恒定不动"就行了。

现在我们知道了：天上的星星一共有两种，一种是行星，另一种是恒星。行星只有几颗，所以我们能看到的星星几乎都是恒星。

天上的恒星共同组成了一个庞大的家庭，这个家族里面的故事还真不少呢！

● （一）恒星"家族"的"人口"

常言道，"天上的星星数不清"，那么天上到底有多少颗恒星呢？到底能不能数清呢？我们来试试看！

数星星可不是一件容易的事，还真得想点儿办法呢！

小实验：用硬纸做一个20厘米左右长，5厘米见方的细长纸筒。选一个天气晴朗没有月亮的晚上，在户外找一个没有其他灯光干扰的地方，用做好的纸筒对准天空，眼睛通过纸筒只能看到一小块天空，仔细数这一小块天空星星的数量，记住这"块"天空边上星星的特征，然后移动纸筒，再数另一"块"天空星星的数量。这样一块一块地数下来，你就会发现，天上的星星只有3000多颗。

其实，在上面的小实验中，我们数到的星星只是半个天空的星星。这是为什么呢？因为另半个天空在我们的脚下，我们看不见，所以那部分星星我们没有计算上。另半个天空星星的数量和我们看到的这半个天空星星的数量差不多，也只有3000多颗，所以，整个天空的星星也只有6000多颗。这是怎么回事呢？不是说天上的星星数不清吗？怎么只有6000多颗星星呢？原来，这是我们眼睛的缘故。

"受骗"的眼睛

我们平时总觉得我们的眼睛非常明亮，什么东西都可以看得清清楚楚，所以我们非常相信我们自己的眼睛。人们常说"眼见为实"，"眼见"真的"为实"吗？是不是真是这样呢？这个问题还真得讨论一番呢！让我们做个小实验看一看：

小实验：选一个没有月亮的晚上，在户外把一支蜡烛和一支蚊香放在一起，同时点燃。然后慢慢远离蚊香和蜡烛，这时你就会发现，开始的时候，明亮的蜡烛和红红的蚊香都可以看得清清楚楚，但是当距离越来越远的时候只能看到蜡烛而看不到蚊香了。

科学小实验能帮助我们了解许多宇宙奥秘

　　在上面的小实验中，当我们慢慢远离蚊香和蜡烛的时候，其实蜡烛和蚊香都还在点燃着。那么，为什么我们只能看到蜡烛而看不到蚊香了？这说明我们的眼睛有时候并不那么"可靠"。看地上的东西是这样，看天上的星星就更得打折扣了。所以，我们用肉眼可以看见的东西是非常有限的。我们用眼睛可以看见的星星，仅是星星家族兄弟姐妹中的很少一部分。如果利用望远镜来看，可以看到的星星就多得多了。并且你所用的望远镜倍数越大，可看见的星星就越多。例如，我国南京紫金山天文台直径为60厘米的望远镜大约可看见2000多万颗星星，而在美国加州帕洛马山上口径为5米的最大望远镜可看见的星星竟达20亿颗之多！其实，在这20亿颗之外还有许多星星呢！现在科学家们认为，仅在银河系中的星星就有1000多亿颗，而宇宙中至少要有200多亿个像银河系一样的星系。这样看来天上的星星真是数也数不清了！

望远镜可使我们看到更遥远的天体

● （二）恒星家族的家谱——赫罗图

我们的家里，不管姓张的还是姓李的都有家谱。家谱的上面清清楚楚地记着家庭的每个成员：爷爷是谁、父亲是谁、儿子是谁，一代一代排得非常清楚，家族的每个人在家谱上都有固定的位置。有趣的是，恒星家族也有一个家谱呢！这个家谱就是"赫罗图"。

五颜六色的星星

天上的星星如果你不仔细看好像都是一个模样，但是如果你仔细观察就会发现，它们也很不一样呢！它们有的发蓝、有的发白、有的发红、有的却发黄。

恒星之所以有不同的颜色，是因为它们向外发射的光谱不同。不同的恒星向外发射的光谱不一样，它们有的向外发射的蓝光多，所以恒星就发蓝；有的向外发射的黄光多，恒星的颜色就发黄；有的向外发射的红光多，这样的恒星看上去颜色就发红。有趣的是，星星的颜色和星星的温度还有关系，蓝色的星星温度最高，白色的星星温度较低，黄色的星星比白色的星星温度还要低，而红色的星星温度最低。我们的太阳是一颗黄色的恒星，它的表面温度只有5000～6000摄氏度，而蓝色的星星表面温度都在3万摄氏度以上。如果我们的太阳是一颗蓝色的星星的话，我们的地球就变成大火炉子啦！

有趣的"八卦图"

90多年前，丹麦天文学家赫茨普龙和美国天文学家罗素，分别研究了恒星的发光本领——恒星的光度和恒星的表面温度的关系。他们分析研究了100多颗恒星，经过研究发现，恒星的发光本领与它们的"体温"——表面温度有非常密切的关系，恒星的表面温度越高，它的发光本领就越大；恒星的表面温度越低，它的发光本领就越小。如果根据这个规律为星星画一张图的话，我们就会发现大多数星星都集中在一条线上。因为这张图对研究星星有非常大的用途，为了纪念发明这张图的两位科学家，后来人们就把这张图叫作"赫罗图"。

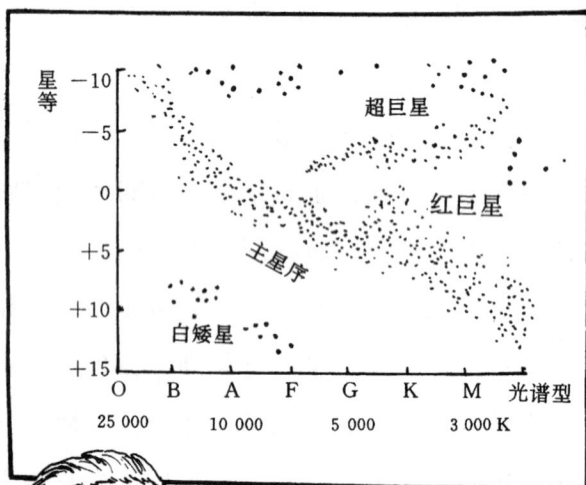

天文学家罗素与他的赫罗图

在赫罗图上，温度高的蓝色恒星位于左边，温度低的红色恒星位于右边；发光能力强的较亮恒星位于上面，而发光能力弱的较暗恒星位于下面。一般来说，绝大多数恒星的温度越高，它的发光本领就越大；而温度越低发光能力就越小。所以，从赫罗图上看，恒星在图上的分布并不均匀，而是集中在从左上方到右下方的一条线上。

在赫罗图上，绝大多数星星都是非常守"规矩"的。即温度高、发光能力强的又亮又热的恒星位于赫罗图的左上方，而发光能力弱温度又低的又暗又冷的恒星位于赫罗图的右下方，由左上方到右下方成一条直线排列。但是，也有的恒星不守"规矩"，它们位于赫罗图的右上方或者是左下方，这样的恒星虽然很少，但足以显示出它们的"性格"与别的恒星不一样。恒星位于赫罗图的右上方，说明它的温度非常低但发光本领却很强；如果恒星位于左下方则说明它的温度很高但发光本领却很小。这些又亮又冷的恒星或者又热又暗的恒星，在恒星家族里仅占少数，但是它们却能向我们"透露"出恒星演化过程中的许多秘密。我们以后会在别的地方为你揭开谜底！

"体重"决定恒星的命运

我们常说，太阳是颗普通的恒星，恒星就是遥远的太阳，它们每时每刻都在发出巨大的能量。比如太阳，虽然太阳在恒星中是比较小的，但是太阳每秒钟向外发出的能量相当于同时爆炸900亿颗百万吨级的氢弹。现在科学家们已经研究清楚，恒星的能源来源于原子能，恒星的内部就是一个硕大无比的"核反应堆"。

要使恒星内部的原子反应长期维持下去，一是要有足够的温度，二是要有足够的压力。而恒星内部的温度和压力是由它的质量决定的，所以恒星的质量不能太大也不能太小。科学研究证明，当恒星的质量太小的时候，恒星内部的温度、压力就达不到原子反应的要求，所以这颗星就不可能发光发热，也就不能叫作恒星了；但是，如果一颗恒星的质量超过了太阳的120倍，那么因为恒星内部的温度太高，压力过大，原子反应就会非常猛烈，以至于失去控制，整个恒星就会在一瞬间被炸得粉碎，这颗恒星也就不可能存在。所以质量太大或者太小都不能成为真正的恒星。长期的观察也表明：质量最小的恒星其质量不能小于太阳的0.07倍，而质量最大的恒星也不会超过太阳的120倍。这正和我们前面讲的一样，恒星的质量差别不会太大，原因也就在于此。

● （三）恒星的个头和体重

恒星中的"巨人"

童话故事中有大人国和小人国。小人国的人个头儿只有老鼠那么大，而大人国的人个头儿却有几层楼高，小人国和大人国的人个头儿要相差三四百倍。大人国和小人国是童话故事里的事情，实际上地球上并没有这两种人，可是在宇宙中恒星之间大小的悬殊却远远超过了小人国与大人国人个头儿的比例。

在宇宙中，我们的太阳显得多么微不足道

科学家们把发光能力强的恒星叫作巨星，而把发光能力弱的恒星叫作矮星。经过研究人们发现，巨星之所以那么光彩照人，矮星之所以那么昏暗如豆，主要是因为它们的个头儿不同造成的。巨星都是"大人国"的公民，而矮星却全是"小人国"的成员。猎户座的红巨星半径是太阳的900多倍；仙王座的一颗巨星，半径竟是太阳的1600多倍。如果太阳也这么大的话，那么水星、金星、地球、火星早就被太阳吞进肚子里了。有趣的是，这还不是最大的，现在已经知道的最大的巨星是御夫座的一颗恒星，肉眼看上去它只是一颗毫不起眼的三等星，但实际上，它的半径居然是太阳的3000多倍！从它的中心到表面的距离相当于从地球到太阳跑七个来回！

恒星中的"小不点儿"

与巨星相比，那些属于小人国的矮星们就惨了！它们的个头儿一般只有太阳的几百分之一，有的甚至比地球还小。例如天狼星的伴星是一颗矮星，它的半径只有5080千米，比地球还小1000多千米。目前知道的最小的一颗白矮星直径只有地球的1／7，甚至连小小的月亮也比它大1倍呢！

还有比白矮星更小的恒星呢，它们就是脉冲星。脉冲星也叫中子星，它们的半径一般只有10千米左右，最小的白矮星也比它们要大90多倍呢！

"稻草人"与"金豆子"

与恒星的个头儿比起来，恒星的质量差别并不大。在银河系中，至少有70%以上的恒星质量在太阳的0.4倍至4倍之间，质量大小差别超不过10倍。巨星、超巨星，体态大得可怕，但质量并不大。

巨星

白矮星

"稻草人"与"金豆子"

这样一来你就会发现，巨星、超巨星虽然个头儿很大，但实际上是"稻草人"，它们的密度非常小，只相当于地球空气密度的二十万分之一，这已经接近真空了。这里讲的还是巨星、超巨星的平均密度，事实上科学家们观测到的恒星表面密度就更小，它们只相当于平均密度的几万分之一，甚至几十万分之一！

与巨星、超巨星相反，白矮星的密度却大得惊人。别看它们个头儿小，却个个是"金豆子"。白矮星上一块只有粉笔头儿大小的东西却相当于地球上的150千克重量，只有举重运动员才能拿得起来！

● （四）恒星的寿命与长幼

我们知道，一个人的寿命一般有70岁到80岁；一头大象的寿命大约有70多岁；一只乌龟最多可以活四五百岁；一只母鸡的寿命一般只有五六岁；而一只苍蝇的寿命却只有几个月甚至几个星期。那么，恒星的寿命有多长呢？

"短命鬼"与"老寿星"

我们前面已经介绍过，恒星的质量决定恒星的命运，质量过大或者过小，都不能成为真正的恒星。其实恒星质量的作用还远远不止这些呢！恒星的质量不仅决定恒星的命运而且还决定了恒星的寿命。在神秘的恒星世界里，有一个非常有趣的现象：质量越大的恒星偏偏是"短命鬼"，而质量小的恒星偏偏是"长命百岁"的"老寿星"。大质量的恒星寿命甚至超不过100万年，而质量比太阳小得多的小质量的恒星寿命甚至可长达2000亿年，上下相差十几万倍，多么不可思议啊！

那么，为什么大质量的恒星都是"短命鬼"，而小质量的恒星偏偏是"老寿星"呢？科学家们经过长期的研究发现，之所以大质量的恒星寿命短，而小质量的恒星寿命长，主要原因是大质量的恒星与小质量的恒星发出能量的速度不一样。下面我们还要介绍，恒星主要是靠内部物质发生原子反应向外释放能量而存在的。大质量的恒星内部原子反应的速度要比小质量恒星快得多，所以发出的能量就大，其内部的物质消耗也就快；而小质量的恒星内部原子反应慢，发出的能量少，所以物质消耗也少。这样一来，大质量的恒星内部的物质很快就消耗完了，当然寿命就短了；而小质量的恒星虽然比大质量的恒星所包含的物质少得多，但它不像大质量恒星那样"浪费"，而是注意"节约"，"细水长流"反而寿命长。你看，小质量恒星的"做法"还真有值得我们学习的地方呢！

恒星的长幼

一般情况下，年龄的大小确实是衡量年老和年轻的标志，60岁的花甲老人肯定比20岁的青年衰老。但是，在恒星世界中这样的观点和看法就不一定对了。在恒星世界中有一个非常有趣的现象，年龄相同的恒星，其年轻和年老的程度未必也相同。比如两颗恒星同样都是100万岁，但是其中一颗可能已经是恒星中的"老头子"了，而另一颗可能还是恒星中的"小孩儿"。这是为什么呢？造成这种有趣现象的原因主要是不同质量的恒星寿命差别很大。上面我们已经介绍过，大质量的恒星和小质量的恒星其寿命差别巨大。这样一来，那些质量大而寿命短的恒星，虽然年龄不大，但是可能已经进入恒星的老年阶段了；而那些质量小但寿命长的恒星，虽然年龄已经很大，但是它可能仍然处在恒星的青年或者壮年时期呢！

比如一头大象和一只母鸡相比，大象的平均寿命长达75年，而母鸡的寿命却只有五六岁，所以5岁的大象只能说是一头年幼的小象，而5岁的母鸡却已经是老母鸡了。

为了能够准确地反映恒星的衰老程度，科学家们引进了"演化龄"的概念。所谓演化龄就是恒星的实际年龄与它的平均寿命的比值。比如一颗大质量恒星的年龄已经有50万岁，而它的预期寿命是100万岁，那么这颗恒星的演化龄就是0.5；再比如一颗小质量恒星的年龄也是50万岁，而它的预期寿命是50亿岁，那么这颗小质量恒星的演化龄只有0.0001。显然，同样是50万岁的两颗恒星它们的演化龄大不相同，当然衰老程度也相差很大。

● （五）恒星上的能源

我们知道，恒星和太阳一样，都是熊熊燃烧、不断向外发出光和热的"大火炉子"。我们家庭用的炉子烧的都是煤炭，那么恒星"烧"的是什么呢？

"恒星炉子"烧的也是煤炭吗

恒星不断地长时间向外发射大量的光和热，那么，这些光和热的能量是从哪里来的呢？人们首先想到的是燃烧。假如恒星都是由煤炭组成的，恒星通过燃烧煤炭向外发出光和热，那么因为恒星里面的东西是固定的，没有外界为它补充，按照恒星的质量和它发出的能量计算，最多只能维持几千年。就像我们家里的煤炉一样，如果不往里加煤，用不了多长时间，煤炉自己就会熄灭。然而，大多数恒星早在几亿年前就开始向外发光发热了。所以，如果靠燃烧煤炭向外发光发热的话，一个个"恒星炉子"早就熄灭了。除了燃烧煤炭之外，燃烧其他东西也一样，都不能满足恒星向外发光发热的需要。所以，燃烧产生的能量太少，不是恒星向外发出能量的方式。

"恒星炉子"烧的是流星吗

恒星靠燃烧自己身上的东西不能满足发光发热的需要，人们又设想是不是有外部东西补充到恒星内部供它燃烧呢？人们首先想到了流星，设想在恒星的周围也和太阳的周围一样存在许多流星，这些流星不断闯入恒星，在恒星内部燃烧，这样恒星有了外部物质的补充，就像向煤炉里不断加煤一样，这样一来，"恒星炉子"就不会熄灭了。可是，新的问题又产生了，如果流星不断地闯入恒星内部，恒星质量就会不断增加，越来越大，经过科学家们的仔细测量，恒星的质量都非常稳定，没有变化，因此"恒星燃烧流星"的说法也是不对的。

太阳可不是靠燃烧发光放热的

是收缩出来的能量吗

既然恒星里面的能源不是燃烧的煤炭，也不是燃烧的流星，科学家们又想：恒星是不是通过自身的收缩放出能量向外发光发热的呢？要想弄清这个道理，我们先做一个实验来看看：

小实验：找一个打气筒，用力往自行车胎或者篮球里面打气，打一阵以后用手摸一摸打气筒的下部，你会感觉到打气筒的外面正在发热。

受到压缩的空气可产生热

在上面的小实验中，为什么打气筒的下部会发热呢？这是因为，在打气的过程中空气不断收缩，原来体积很大的空气被压迫得很小，这样空气里的一些能量就会变成热能向外散发。所以，不断收缩的气体会发热。由此，科学家们设想，恒星的能量是不是通过恒星气体的收缩产生出来的呢？

经过研究，科学家们认为，恒星通过压缩自己本身的物质的确能释放出大量的能量，发出巨大的光和热。但是，这样一来恒星的半径就会不断缩小。另外，如果仅仅靠自身的收缩来维持发光发热的话，恒星也只能维持1000万年左右，与恒星几十亿年的寿命相比还相差很远呢。此外，在漫长的恒星生命过程中，恒星半径变化是非常缓慢的。所以，恒星并不是依靠收缩本身的物质向外发光发热的。

巨大的原子能

科学家们研究发现，世界上所有的物质不管是动物还是植物，也不管是高山还是大海，以及宇宙中的恒星、行星和各种天体，它们都是由100多种化学元素组成的。所以这个世界说复杂也复杂，说简单也简单。还有更简单的呢！这100多种元素虽然看上去非常不一样，但是，它们最终都是由三种基本的东西组成，这三种基本的东西就是质子、中子和电子，而中子实际上是一个电子和一个质子的结合体，所以可以这样讲，物质世界实际上是由质子和电子构成的。这几种基本物质不同的排列组合组成了100多种元素的原子，而这100多种元素的原子就构成了世界上的万物。一块又黑又重的铁蛋和气球中的氢气看上去差别很大，但是，组成它们的基本物质却完全一样，只不过是组成这两样东西的质子、中子和电子的数量及排列方式不一样罢了。我们知道，氢是一种最简单的元素，它是由1个质子和1个电子组成；而另一种元素氦，却是由2个质子、2个中子和2个电子组成。所以从理论上讲我们完全可以像堆积木一样，用4个氢原子堆成一个氦原子，这样人们就可以把氢变成氦，这个把氢"堆"成氦的过程会释放出巨大的能量来，这种能量就是原子能。当然，我们只是从理论上这样讲，而实际上要把4个氢原子"捏成"一个氦原子可不像堆积木那样容易，它需要在很高的温度和压力下才能完成。

原子结构示意图

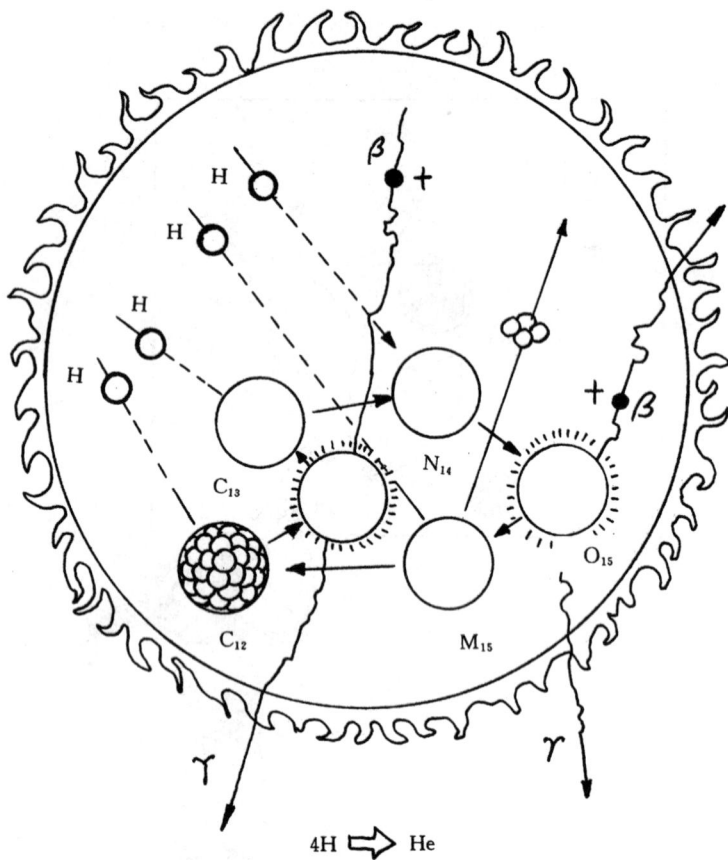

4H $\Rightarrow$ He

核聚变示意图

太阳为我们提供了用之不竭的能源

上面我们所讲的就是20世纪初发现的原子理论，这个理论的重大收获之一就是发现了原子能。利用这个理论，人们制造了原子弹、氢弹，建造了核电站。原子能是一种巨大的能源，仅用少量的物质就能发出很大很大的能量。由此科学家们设想，恒星的能量肯定来源于原子能。恒星实际上是一个巨大的核电站。科学家们的这个设想，为寻找恒星的能源提供了新的思路。

神秘的原子隧道

原子能的发现虽然为寻找恒星能源开拓了新的思路，但是问题并没有完全解决。因为，要想使原子发生反应并释放出原子能需要的极高的温度。科学家们认为，只有当温度达到几百亿摄氏度的时候，原子才能发生反应，低于这个温度原子外部的东西很难冲破原子的阻力与它结合。而一般恒星内部的温度只有4 000万摄氏度，这个温度对我们人类来讲已经是非常高了，但对于原子反应来讲它实在是太低了。如果把原子外部的阻力比作一座高山的话，在这样低的温度下，原子外部的东西根本没有办法逾越这座高山与原子发生结合并释放出原子能。

神秘的原子隧道

后来经过研究发现，原子外部的这座"高山"并不是无懈可击的，它的上面有许多"洞"，原子外部的东西要想和原子发生反应不一定非逾越这座高山，而可以通过这些"洞"到达原子的内部。就像我们修公路、铁路一样，没有必要把公路、铁路建到山顶上，而完全可以打一个山洞穿过去，这种山洞也叫隧道。因此，科学家们形象地把原子外部的"洞"叫作原子隧道，原子外部的东西，通过这样的隧道与原子发生反应就用不着那么高的温度了。

由此，科学家们断定，恒星内部的能源来源于原子能，一颗颗恒星就是挂在天上的一座座巨大的核电站。这些核电站的燃料就是氢，很少量的氢发生原子反应就可以释放出巨大的能量，而恒星内部都有大量的氢，足够恒星"烧"几十亿年、几百亿年的。所以，我们不用担心，天上的星星不会因为发生能源危机而"熄灭"的！

● （六）恒星是什么做成的

天上亮闪闪的星星是什么做成的呢？其实，虽然恒星神秘莫测，但组成它们的物质，并不是什么稀奇古怪的东西。

恒星内部的东西很"平常"

恒星中到底有些什么东西？这些东西各占多少呢？都可以通过恒星的"条形码"——光谱找到答案。光谱是恒星发出的各种光排列在一起组成的"光带"。它一条一条的，非常像贴在商品包装上的条形码。这种恒星的"条形码"可以反映恒星的许多特征。通过恒星的光谱，我们也可以了解恒星的物质组成。经过大量的测量观察，科学家们发现恒星里面绝大部分是普普通通的氢，其次是氦，这两种东西占了98%还多，其他的东西仅占不到2%。

应该说明的是，通过光谱测得的恒星物质只是恒星外表大气的情况，恒星的里边是什么东西，至今还没有任何直接的观测资料。不过，科学家们从理论上推断，恒星内部也应当是氢和氦占多数，其他物质只占少数。所以我们可以这样说，恒星实际上是由氢和氦组成的气体球。

分崩离析的物质

恒星上的温度很高，里面的东西与地球上的物质不一样，因为恒星内部的温度非常高，物质已经变得分崩离析，不是以分子的状态存在，而是早已瓦解为原子。而且，很稳定的原子也受不了高温的折腾，原子外部的电子会挣脱原子核的束缚而变成"自由电子"逃跑出来，这样原子核就变成了"光棍"，也变成了带正电的粒子。所以，严格来说，恒星这种气体球，其内部的物质不是我们地球上通常说的物质，而是都处于一种叫作"等离子体"的状态，这种状态是物质的一种特殊状态。

恒星冕

恒星大气

恒星核

恒星

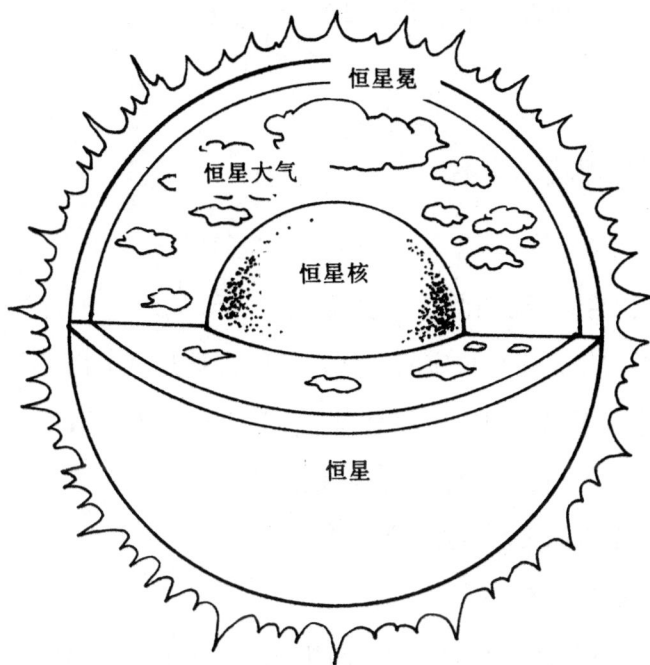

恒星结构示意图

分层的气体球

我们已经知道，恒星都是一个个巨大的气体球。众多的恒星虽然仪态万千，但它们的结构却差不多，科学家们把恒星这样的气体球分为三个层次：最里面的一层叫作恒星核，是恒星最里面的物质；再向外就是恒星的大气；最外面是恒星的"帽子"，所以也叫恒星冕。由于恒星的核处在恒星内部，我们没有办法观察到，所以不能直接研究，科学家们只能通过研究恒星大气来推测恒星核的情况。而恒星外部的帽子因为物质非常稀少，对恒星的影响很小，所以在研究中常常被忽略。因此，恒星大气是科学家们研究的主要对象。

● （七）恒星不"恒"

只要我们稍加留意就会发现：满天的星星相对位置似乎从不变化，各个星座的形状自古以来就是这个样子，正因为如此，人们才把恒星称之为"恒星"。所谓"恒"，意思是说它们的位置、亮度、色彩永恒不变，这似乎成了一个真理。恒星真的永恒不动吗？

飞速运动的恒星

经过仔细的观察和测量证明，恒星并不是不动的，它们不仅在运动，而且运动的速度非常快，可以说是飞速运动。那么，我们为什么没有发现恒星的运动呢？这主要是因为恒星离我们地球太远的缘故。

打一个比方看，在你面前嗡嗡作响的苍蝇蚊子，尽管它们的速度不快，但给你的感觉快得眼花缭乱；而一架时速达上千千米的飞机，只是因为它在高空，站在地面的人反而觉得飞机运动得非常迟缓。同样道理，恒星与我们的距离比飞机不知要远多少亿倍，所以，尽管恒星的运动速度高达每秒钟几十到几百千米（这个速度比人造地球卫星的速度还要快好多倍），但人们却不能发现恒星的运动。正因为如此，长期以来人们一直认为恒星不动，也就不足为奇了。

看似不动的恒星却飞速奔跑着

天上的"勺子"将变浅

尽管恒星运动的速度给人的感觉非常非常缓慢,但积少成多,几千年几万年下来恒星的位置变化还是十分巨大的。比如我们非常熟悉的勺子七星,现在看来很像一把"大勺子",而在十万年前它却像一把带着箭头的箭,十万年以后这把勺子的把儿将明显往下弯,而勺子的头儿将会明显地变浅，以致看起来"盛"不下什么东西了！

我们的太阳本身也是一颗恒星，所以它也在高速地运动着。根据人们在地球上的测量，太阳正带着它的八大行星以每秒250千米的速度飞速运动着！

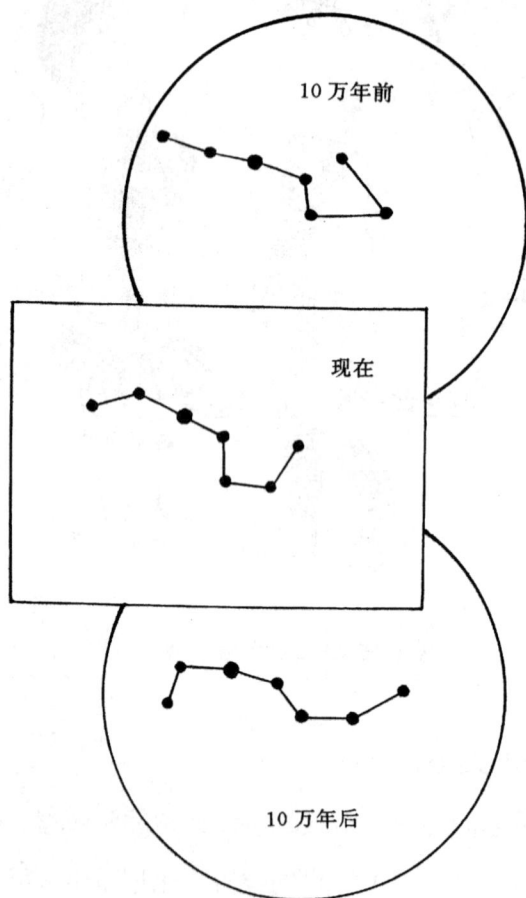

10万年前

现在

10万年后

北斗星相对位置的变化

● （八）爱凑热闹的恒星

我们人人都喜欢有几个朋友，喜欢和别的人在一起而不喜欢孤独。有趣的是，恒星似乎也不喜欢孤独，它们往往成团、成堆地在一起，科学家们把这些在一起的恒星称为星团。

天上的七姐妹

每到初冬季节，一团美丽非凡的星团就会从东方的夜空中冉冉升起，这就是著名的七姐妹星，实际上它是一个星团。我国古代把这个美丽的星团叫作昴星团。

非常有趣的是，我们现代人一般只能看到"七姐妹"中的六个，而在古代可以看得很清楚的一颗星星现在已经变得看不到了。这正好与神话《天仙配》相吻合：玉皇大帝的七个女儿中最小的女儿七仙女，为了追求爱情和自由，毅然冲破天廷戒律奔向人间了，当然我们在天上就看不到她了。

神话不是科学，尽管似乎非常一致，但这不过是偶然的巧合。事实上，你用一架普通的望远镜来观察七姐妹星，就会发现不仅"七仙女"仍然在那里，而且七姐妹远不止姐妹七个。现在人们已经弄清楚昴星团的成员多达280个，所以七姐妹有200多个姐妹呢！

牛郎与织女

星团与星座

人们根据恒星的排列和组成的图案把天空划分成许多"块"，以便确定恒星的位置，这种人为划分的"块"就是星座。那么，星团和星座是什么关系呢？实际上，星座是人们主观想象出来的图案，星座中各个恒星间其实并没有什么瓜葛。例如大熊座中的勺子七星，它们之间实际上没有任何关系，它们在空间的运动也是"各奔前程"，所以几千万年以后，勺子七星就会变得面目全非了。而星团就不同，星团中的所有成员大体上是同时形成的。尽管它们彼此间的大小、质量、光度、光谱等都不尽相同，但它们离我们的距离大致相同；星团在太空中成一个整体运动，星团中各颗恒星的相对位置变化不大，比较稳定。

二、恒星的兄弟姐妹们

仔细观察你周围的人群，你就会发现人群中有高的、有矮的，有胖的、也有瘦的，有黄种人、有白种人、还有黑种人。虽然都是人，但是，他们的高矮、胖瘦却不一样。恒星也一样，虽然都叫星星，但它们有的大、有的小，有的亮、有的暗，有的重、有的轻，还真不一样呢！

● （一）恒星中的"良民"——主序星

前面我们已经介绍过赫罗图，我们知道，在赫罗图中大多数星星都集中在一条线上，在这条线上的星星就叫主序星。如果把赫罗图比作是恒星世界的"规矩"，那么，主序星就是最守规矩的"良民"了。你看，它们严格按照恒星世界的"规矩"办事：温度高的发光本领就大，温度低的发光本领就小；发光本领小的星星"体重"就轻，发光本领大的星星"体重"就重，多守规矩啊！可不像其他的星星，小小的个子却有很大的质量，体重很大发光的本领却很小。

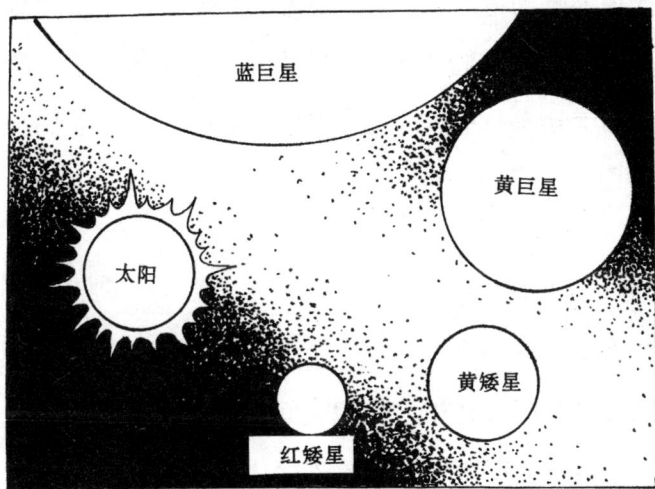

不同种类的恒星

恒星中的"大户"

如果按数量比较的话，主序星可是恒星中的"大户"。据科学家们估计，恒星中90%以上的星星是主序星，我们的太阳也是一颗主序星。这些主序星，多数年轻力壮，发光正常，正是它们主宰了整个恒星世界。

中等的发光本领

科学家们把发光本领大的恒星叫作巨星，而把发光本领小的恒星叫作矮星。如果从发光本领上看，主序星的发光本领都不大，远比不上恒星中的巨无霸——巨星，所以，主序星大多数都是矮星。因此，在赫罗图中又把主星序叫作矮星序。

均匀的体态

如果能够为主序星称称"体重"的话，你就会发现一个很有趣的现象：它们"体重"的大小都差不多，最小的大约是太阳的十分之一左右，最大的也不会超过太阳的十倍。

● （二）天上的"鬼灯"——变星

绝大多数恒星在相当长的时间内，比如说几百年、几千年内，它们的亮度都没有明显的变化。但是，有一些恒星却不一样，它们的亮度像鬼灯一样，在几年、几天甚至几小时内就有明显的变化，这样的恒星科学家们叫作变星。

那么，变星的亮度为什么会变化呢？经过长时间的研究，科学家们认为，引起变星亮度变化的原因是很多的，有的是恒星内部的变化，引起了恒星发光能力的变化，所以我们看上去恒星的亮度就会变化。但有的不是恒星内部的原因，而实际上是因为一明一暗两颗恒星靠得非常近，同时，两颗恒星又相互缠绕转动，互相遮掩引起恒星亮度的变化，我们看上去好像是一颗星星。因为两颗恒星相互缠绕，当暗一些的星星在前面时，我们就感觉星星的亮度小；当亮一些的星星在前面时，我们就感觉星星的亮度大。前一种变星亮度的变化，是由于变星内部的原因造成的，所以科学家们把这类变星叫作物理变星；后一种变星亮度变化的原因非常像我们熟悉的日食或月食，所以科学家们干脆把这类变星叫作食变星。食变星实际上是一种双星，我们后面再做介绍，这里只介绍物理变星。

神秘的变星总能引起人们无穷的想象

根据变星亮度变化原因的不同，物理变星可以分为许多种。

天上的"魔眼"——脉动变星

造父与他的马车

前面我们已经介绍过，恒星的体积是比较稳定的，多数恒星的体积在短时间内不会有大的变化。但是，也有一部分恒星的体积却可以像孙悟空的金箍棒一样，一会儿变大，一会儿变小。因为恒星体积的变化会改变恒星发光的本领，所以，恒星有时看上去亮，有时看上去暗。试想，有一堆火，如果把它装进一个炉子里，它的光只能通过小小的炉口发射到外面，这样这堆火发出的光就少，看上去就暗；假如把这堆火从炉子里倒出来，这堆火的发光面积就会增大，发出的光就会增多，看上去就亮。恒星也一样，同一颗恒星，它的体积变大的时候，发光的面积就会增大，发出的光就会增多，看上去就会感觉亮一些；相反，当恒星的体积变小的时候，它的发光面积就会变小，发出的光就会较少，这时恒星就会变暗。所以，这样的恒星看上去就是一会儿亮一会儿暗。这种因为不断膨胀收缩而忽明忽暗的变星，因为它们的变化很像人的脉搏跳动，所以科学家们就把它们叫作脉动变星。

脉动变星大多数非常有规律，也就是说变亮变暗时间非常准确，是一种周期性的变化，所以，科学家们把这种很有规律的脉动变星叫作周期性脉动变星。还有一些脉动变星就不怎么守规矩了，它们变亮变暗非常随便，没有任何规律，也没有明显的周期性，所以，科学家们把这样的脉动变星叫作不规则脉动变星。

脉动变星中最重要的一类就是造父变星。造父，是中国古代一个特别善于赶马车的人。据说他驾驭的马车既快又稳，能够日行千里。传说造父后来成了神，变成了天上的一颗星星，这颗星星就叫"造父星"。后来，科学家们发现，造父星是一颗变星，人们就称它为"造父变星"。造父变星是发现最早的一颗变星，后来科学家们干脆把这类变星统统称为"造父变星"。所以，"造父变星"指的不是某一颗星星，而是指一类亮度呈周期变化的星星。

我们非常熟悉的北极星就是一颗造父变星，只是北极星的亮度变化不太明显，所以人们一般没有注意到它是一颗变星罢了。因为造父变星的变化周期和它的发光本领即它的光度有非常密切的关系，所以，科学家们就利用造父变星来计算宇宙中天体之间的距离。由此，造父变星获得了"量天尺"的美名。

一般说来，造父变星的变化周期在10小时左右。但是，在脉动变星中还有一种周期更长的变星，这种变星的变化周期一般在320天至370天之间。它们变化的周期不但很长，而且亮度变化非常大，最亮的时候可以接近一等星，是附近天空中最亮的星星；当变暗的时候却只是一颗十等星，用肉眼完全看不见。它们像魔鬼的眼睛一样，一年左右睁一次眼闭一次眼。因此，欧洲人把它叫作天上的"魔眼"。

我们前面介绍了，脉动变星体积大小的变化引起了亮度的变化。那么，脉动变星的体积为什么会变化呢？科学家们认为这是因为恒星内部原子反应与恒星的压力不断变化的结果。实际上，脉动变星是恒星生命中的一个阶段，绝大多数恒星在一生中都会或长或短地处于脉动变星的阶段，但这段时间不会太长，与恒星的寿命相比是极其短暂的。因此，脉动变星在恒星总数中所占的比例也是很小的。迄今为止，科学家们发现的脉动变星总数不超过3万颗，只占银河系恒星中的极小一部分。

天上的神灯——爆发变星

不知道我们是否注意过，平静的夜空有时会突然出现一颗非常明亮的星星，这样的星星有的会保持几个月，有的会保持几天，有的却只能保持几十分钟。这种现象实际上是原来比较暗的星星突然变亮的结果。这种突然变亮的星星，科学家们把它们叫作爆发变星。

天上的神灯——爆发变星

在爆发变星中，有一种变星爆发时间非常突然，维持的时间只有几十分钟，就像夜空中打一次闪电一样，这样的爆发变星科学家们叫作耀星。科学家们认为，耀星是恒星大气发生突然变化的结果，耀星的年龄一般都比较年轻。1948年在鲸鱼座发现了一颗耀星，这颗星星3分钟内亮度增加了12倍，非常引人注目。

太空"抢劫案"——新星爆发

有时天空中会突然出现一颗很亮的星星，在一两天内亮度迅速增加，达到最亮后又逐渐减弱，在几年或几十年后慢慢消失。这就是科学家们所说的"新星"。新星实际上并不是新产生的星星，它们原来就有，只是因为暗，肉眼看不到，没有引起人们的注意，后来突然变亮，像新冒出来的一样，所以人们才把它们叫作新星。因此，新星实际上并不"新"。新星也是一种爆发变星，只是它们的爆发时间比较长，亮度变化比较大，比较引人注意。我国古代人民对新星有好多的观测记录，从汉代到明代记录了90多颗新星出现的时间和位置，这为我们研究新星提供了宝贵的资料。

夜空中的"抢劫案"

新星爆发时亮度变化非常大，有时会增加到原来的几百甚至几万倍。那么，是什么原因使新星有这么大的变化，发这么大的"脾气"呢？科学家们认为，新星原来是一颗体积很小，但密度很大的矮星。当它与附近的巨星靠近时，这颗不起眼的矮星就会"抢劫"巨星的物质，把巨星的物质吸引到自己身上来。当大量的物质落到矮星身上的时候就会发出巨大的能量，使本来"很凉"的矮星温度迅速上升，上升到一定程度就会引起原子反应，原来不起眼的矮星这时就会发出巨大的光和热，这样矮星就变成了新星。现在我们明白了，新星是靠"抢劫"别人的东西使自己变得明亮无比、"不可一世"的。但是，抢劫的东西毕竟不是自己的东西，所以新星爆发以后，外面的物质慢慢扩散，新星就恢复原来矮星的真面目，又变成不起眼的"小不点儿"了。有的新星可以多次发生爆发，这样的新星就叫作"再发新星"。

恒星临死前的"回光返照"——超新星爆发

新星爆发是宇宙中非常壮观的景象，但是还有比这更壮观的呢！这就是超新星爆发。超新星爆发虽然只比新星爆发多了一个字，但它却与新星爆发完全不一样。首先，超新星爆发比新星爆发激烈多了。新星爆发时，它的光度只能增加几百倍，而超新星爆发它的光度可以增加上亿倍。所以，超新星爆发是迄今为止人们发现的恒星世界最猛烈的爆发现象。另外，超新星的爆发与新星的爆发发生的原因也不一样。新星爆发是因为个头儿小但密度大的矮星"抢劫"巨星的物质形成的；而超新星爆发是恒星本身物质在极短的时间内，发生原子反应释放出巨大的光和热的结果。新星爆发过后原来的矮星仍然可以恢复到原来的状态；而超新星爆发实际上是年龄比较大的恒星在临死前的"回光返照"，超新星爆发之后原来的恒星就灰飞烟灭再也不存在了。超新星爆发后的绝大多数物质都被抛射到它自身的周围形成星云，一小部分物质在中心留下一个恒星的"尸体"，这个"尸体"就是我们下面将要介绍的致密星。

星云

致密星

恒星临死前的"回光返照"——超新星爆发

超新星爆发的能量非常巨大，真是不能小视。万幸的是超新星距离我们非常遥远，在太阳周围没有这样可怕的东西，所以超新星爆发对地球没有什么影响，否则的话，我们的地球可就要遭殃了。假如太阳也这么折腾，我们的地球就会在一瞬间化作一缕青烟。不过大家不用担心，太阳是不会变为超新星的，因为可以发生超新星爆发的恒星，必须有很大的质量，我们的太阳远远达不到这个要求。所以，不用担心太阳"发脾气"，它是不会爆发的。从理论上计算，科学家们认为，银河系中平均每300万年才会出现一颗超新星，但是在整个宇宙中不断有超新星爆发，可惜离我们太遥远，我们没有缘分观察到那样壮观的景象，也就不能一饱眼福了。

● （三）天上的"小金刚"——致密星

茫茫宇宙真是无奇不有。我们已经知道，在恒星家族里有一种星星叫作巨星，它们是恒星家族中的巨人，个头儿非常大，有的甚至比我们的太阳要大上千倍，但是，这么大的巨星却是一个"虚胖子"，它们的个头儿很大但却体内空空，质量并不太大。与巨星相反，宇宙中还有一种恒星，它们的个头儿非常小，有的甚至比地球还小，但它们的质量并不小，所以，这些恒星的密度非常大，一小块东西就有很大的质量。我们前面已经介绍过的白矮星，就是一种这样的星星。因为这样的恒星非常"瓷实"，密度很大，所以科学家们把这种星星叫作致密星。除了我们已经介绍过的白矮星之外，致密星中还有很多种呢！

再谈白矮星

白矮星物质

我从来没见过这么重的东西

根据科学家们的研究，致密星是恒星死亡后剩下的"尸体"，多数致密星不发光，所以人们很难发现它们。但是，白矮星却是一种能够发光的致密星，所以人们对白矮星的情况了解得比较多，这里，我们不妨再将它介绍一番。

在赫罗图上，白矮星位于左下角，这说明它发光本领很低但是表面温度却很高。很显然，白矮星与主序星的"性格"完全不一样。一般说来，白矮星的发光本领很小，它们的光度只有太阳光度的十分之一至千分之一。但是，白矮星的表面温度却很高，所以白矮星呈现白色。白矮星是恒星家族里的小不点儿，它们的半径很小，一般只有1万千米左右，和一颗行星的大小差不多，有的白矮星甚至比行星还小。我们已经介绍过，白矮星最大的特点就是它们的密度非常大。我们知道，在地面上1升水的质量大约是1千克，一块10厘米见方的铁块的质量也不超过8千克。但是，假如把1升白矮星上的物质拿到地球上来，它的质量竟有几十万千克甚至几千万千克。这样的东西地球上根本就没有。

"压瘪"的原子

白矮星上的东西为什么会这么重呢？这个问题讲起来就比较复杂了，让我们先做个小实验来看看：

小实验： 找一堆桂圆，将桂圆大致分为两份，其中的一份不动，另一份全部压瘪，再找一个纸盒，用这个纸盒分别量出一纸盒没动过的桂圆和已经压瘪的桂圆，分别称重，这时你就会发现，压瘪的桂圆要比没有动过的桂圆重得多。为什么同是一纸盒桂圆，一个重而另一个轻呢？显然，桂圆压瘪之后的体积比原来小得多了，所以，同样是一纸盒桂圆，压瘪之后要多盛许多，当然要比没有压瘪的桂圆重多了。

通过上面的小实验，我们就可以看出，同样的东西把它的体积缩小之后，它的密度就会增大；同样体积的东西密度大的要比密度小的重得多。桂圆被压瘪之后，体积变小了，密度就增大了，这样同是一纸盒就可以盛更多的桂圆，当然它的重量就会增大。白矮星上的东西之所以有这么大的重量也是这个道理。

小实验却能说明大道理

原来，白矮星和我们地球一样，也是由原子构成的。原子的结构和我们吃的桂圆差不多，中间的原子核，相当于桂圆的肉；原子核的外面，高速运转的电子是原子的外壳，相当于桂圆的壳。不一样的是，相对看来，原子这个

"桂圆"的肉非常小，而壳相当大。假如一个原子有一个篮球场那么大的话，它的原子核只有一个乒乓球那么大，所以原子内部实际上很"宽敞"，有非常大的空间。这样一来，原子就可能像桂圆一样被压瘪。但是，要想把原子"压瘪"可不像压瘪一个桂圆那么容易，因为由高速运转的电子组成的原子外壳有非常强大的电磁力支撑，要把这样的"壳"压瘪需要非常大的压力，这么大的压力在地球上根本没有，所以，地球上也就不存在像白矮星那样密度大的东西。但是，因为特殊的条件，白矮星上的压力却非常大，白矮星上的原子全部被强大的压力"压瘪"了。因此，白矮星上的物质密度就大得异乎寻常了。

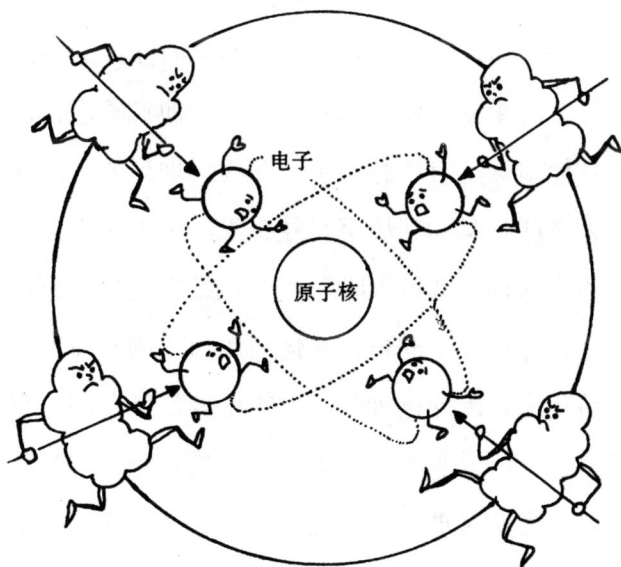

"压瘪"的原子

我们知道，人的重量是由于地球的引力造成的，因为白矮星的质量非常大，而体积又很小，所以白矮星上的引力要比地球上的引力大得多。一个体重60千克的人，在白矮星上的体重大约会有几十亿千克。这么大的重量，人一到了白矮星马上就会被压成肉饼！我们可千万不要到白矮星上去哟！

宇宙中的"小绿人"——脉冲星

1967年，英国剑桥大学年轻的女研究生贝尔在用射电望远镜对天空进行巡天观测时，偶然收到一个非常有规律的无线电信号。这个信号每隔1.3秒的时间出现一次，非常精确，而且这个无线电信号发出的位置固定不变，就在狐狸座附近。不久，贝尔又发现了另外三个类似的无线电信号。因为这种无线电信号非常像人的脉搏跳动，所以科学家们把这种无线电信号叫作脉冲信号。这种非常有规律的脉冲无线电信号引起了科学家们极大的兴趣，最初他们猜想，这种信号是不是其他星球上有智慧的生命向我们地球发出的联络信号呢？因为有些科学幻想故事曾经想象："外星人"不像我们地球上的人这样必须每天吃东西才能维持生命，它们不用吃东西，而是像地球上的植物一样利用自己的身体直接吸收阳光来维持生命，因此这种外星人的皮肤是绿色的。它们的大脑非常发达，所以长着一个大大的脑袋；它们的身体已经退化，所以体形非常矮小，因此被称为"小绿人"。这个科学幻想故事使科学家们想，这些有规律的无线电信号是不是太空中的"小绿人"向外发出的信号呢？所以，科学家们最初就把发出这些信号的地方戏称为"小绿人"。

让科学家们疑惑的是：居然会有两类"小绿人"利用同样的频率同时和地球这一颗行星进行通信联系，这种可能性实在是太小了。

宇宙中的"小绿人"

如果不是太空中的"小绿人"向地球发出的联络信号，那么，这些有规律的脉冲信号又是什么东西发出来的呢？科学家们经过认真反复的推理研究，排除了各种不可能的情况后一致认为，这种有规律的脉冲信号是由高速自转的中子星发出的，同时科学家们为这种高速自转的中子星起名叫作"脉冲星"。

中子星

地球

中子星的"灯塔效应"

顾名思义，中子星就是主要由中子组成的恒星。我们已经介绍过，中子是组成原子核的一种基本"零件"。早在1932年中子被发现后不久，科学家们就认为宇宙中可能存在由中子组成的恒星。后来科学家们进一步从理论上研究了中子星，并且认为如果有这种东西存在的话，它的半径可能只有20千米左右，但是它的密度将达到每立方厘米1亿至10亿吨。但是，几十年来科学家们对中子星的研究并不十分热心。因为即使真的有中子星，由于它的体积太小又不发光，天文观测很难发现。但是，当发现了神秘的脉冲无线电信号后，科学家们立即想到，如果这种脉冲信号不是所谓的"小绿人"发出的话，可能就是中子星在向我们人类"招手"了！为什么这样讲呢？因为科学家们认为，脉冲星就是高速旋转的中子星。我们大家都有这样的经验，不管是溜冰运动员还是跳华尔兹的舞蹈演员，当他们把张开的手臂收回来的时候，他们旋转的速度就会明显加快。我们后面还要介绍，中子星是由原来的恒星收缩变来的。我们还知道，恒星都是旋转的，这样原来比较大的恒星收缩成中子星之后，它的旋转速度就会明显加快，有的甚至一秒多钟就会旋转一圈儿。这样中子星的两个磁极发出的电磁波就会像探照灯一样定期扫过地球，每扫过一次，地球就会收到一个信号，这样连续起来就形成了脉冲信号。所以，科学家们又把脉冲星的这种脉冲信号叫作"灯塔效应"。

中子星和白矮星一样也是一种致密星，只不过中子星内部的原子比白矮星内部的原子"压瘪"的程度更严重罢了。如果说在白矮星里只是原子的外壳被"压瘪"的话，在中子星里，原子外壳儿已经被压进原子核里面去了，原子核外面的电子与原子核里面的质子结合变成了中子，致使在中子星中除了中子之外已经没有别的东西了！可以想象，中子星的密度比白矮星的密度还要大！

中子星的表面温度很低，已经不能发光了，如果不是它向外发射脉冲信号，也许我们人类永远也不会发现它们了！

宇宙中的魔鬼——黑洞

我们前面已经介绍过，白矮星是一种密度很大的恒星，它的密度高达每立方厘米几百千克甚至几万千克，在地球上无论如何我们也找不到密度这么大的东西。可是中子星的密度比白矮星还要大上百万倍，我们进一步设想，如果有一种天体，它的密度比中子星还大，那会是一种什么东西呢？

神秘的宇宙黑洞

我们知道，一个星球不管是恒星还是行星，对其他物体的引力与星球的质量和物体到星球的距离有关。星球的质量越大，物体距离星球越近引力就越大；反之，引力就越小。白矮星、中子星等致密星质量非常大，而体积非常小，所以这些致密星的引力非常强大。我们还知道，在一个星球上向外抛出一个物体，必须达到一定的速度，如果达不到这个速度，物体仍然会落到星球上，抛不出去。比如，我们人类从地球上向外发射人造地球卫星，卫星的速度必须达到或者超过每秒钟7.9千米，低于这个速度，人造卫星就发射不出去。这个速度科学家们形象地称之为"逃逸速度"。所以，假如从白矮星或者中子星上向外发射卫星的话就需要很大的速度。如果有的恒星密度比白矮星、中子星还大的话，从这样的恒星上向外抛出物体就需要更大的逃逸速度。当这个速度达到光速的时候，在这颗星球上连运动速度最快的光也休想逃出去，这时这颗星球的性质就发生了根本性的变化，变成了一个漆黑的"无底洞"，这种星球非常吝啬，任何东西一到它这里就只准进去，不准出来，科学家们为这种特殊的天体起了一个形象的名字——"黑洞"。

从理论上讲，如果太阳的半径收缩到3000米，也会变成一个黑洞，地球要想变成黑洞，半径必须缩小到1厘米以下，差不多只有一粒葡萄那么大。不过，我们的太阳、地球可千万别变成黑洞，不然的话我们人类就没有立足之地了！

宇宙还能恢复成一个点吗

因为黑洞不向外发射任何东西，所以人类想直接观测到黑洞是不可能的，研究黑洞的唯一途径是通过黑洞对其他天体的引力来发现黑洞的"行踪"。近年来，科学家们在天鹅座、天琴座确定了几个黑洞的"种子选手"。对黑洞的研究还仅仅是开始，因为从理论上讲，天体一旦坍缩成黑洞，所有的物质都将落到黑洞的中心一个点上，这个点非常非常小，已经小到只有位置，而没有大小可言了。那么多的东西都集中在这样一个点上是不可思议的，所以科学家们把这个点称为"奇点"。如何认识奇点，还有待于科学家们进一步研究。

宇宙中最大公无私的天体——白洞

　　近年来，科学家们在宇宙观测过程中发现了一种非常奇怪的现象：就是在宇宙中存在许多巨大的能量，这些能量非常大，有时甚至和整个银河系的能量差不多，显然这些能量不可能是恒星发出的。那么，这些巨大的能量到底是从什么地方来的呢？多数科学家认为，这些巨大的能量可能来源于一种新的天体——白洞。

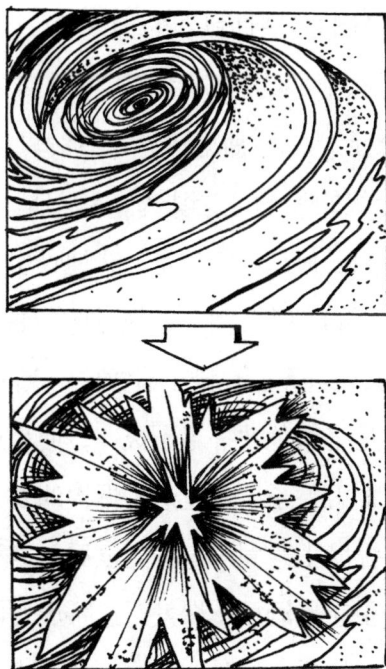

由黑洞演变成白洞

　　和黑洞一样，白洞也只是科学家们从理论上推测出来的一种天体，它是否真的存在至今还没有实际的观测资料来证实。我们前面已经介绍过，黑洞是一种非常"自私"、"吝啬"的天体，任何物质和能量黑洞都可以把它们吞掉，但它却从来不向外"施舍"任何东西。和黑洞恰恰相反，白洞却是一种最"大公无私"的天体，它的内部存有巨大的物质和能量，这些物质和能量时时刻刻都在向外释放，但外界的物质和能量却不能进入白洞。也就是说，白洞可以向外界提供大量的物质和能量，却不能吸收外面的任何东西。如此看来，白洞实在是非常"慷慨"的天体。

白洞是怎么形成的呢？目前，科学家们对白洞的形成有两种不同的意见。一种意见认为，白洞可能是直接由黑洞转变过来的。传统的黑洞理论认为，黑洞是一个十足的"贪心鬼"，对外界的任何东西它只是一味地吸引，决不向外释放，是一个百分之百的"铁公鸡"，绝对地一毛不拔。但是，新的黑洞理论认为，实际上黑洞并不像传统黑洞理论认为的那样"黑"，它不是绝对地"一毛不拔"，而是通过一种特殊的方式向外慢慢地发射粒子。通过这种慢慢的发射，黑洞的温度会逐渐升高，当温度上升到一定程度以后，这种发射就会变得非常剧烈，最终引起黑洞猛烈爆发，这种爆发就是不断地向外发射大量的能量和物质，这时的黑洞已经变成白洞了。

另一种意见认为，白洞是由宇宙大爆炸开始时剩下的一部分"残留物质"形成的。通过最近几年的研究，科学家们认为：宇宙实际上是由一个高温高压的"奇点"爆发产生的。宇宙最初的爆发，不可能非常均匀，有一部分高温高压的物质并没有立刻膨胀，而是在宇宙爆发之后等待一段时间才发生爆炸，这部分残留的高温高压物质的重新爆炸，实际上就是向外抛射大量的物质和能量，这种物质和能量的抛射现象与我们所描述的白洞完全相同，实际上这就是白洞。通俗一点讲，假如把宇宙大爆炸比作是爆苞米花，大部分的苞米粒，在开锅的一瞬间就爆炸了，但是也有少数的苞米粒，并没有马上爆炸，而是过了一段时间才炸开的。这些晚爆炸的"苞米粒"就是白洞。

白洞这种特殊的天体究竟是否真的存在，至今还是一个没有揭开的谜，至于白洞是怎样形成的就更是谜中之谜了。

● （四）恒星的家庭——双星和聚星

恒星和人一样，不喜欢孤独，而是喜欢过集体生活。有的恒星用肉眼看上去好像是一颗星星，但是如果你用高倍望远镜看时却是两颗或更多的彼此靠得很近的一群恒星。这种两颗或更多的彼此靠得很近的恒星就叫双星或聚星。

双星的"真"与"假"

双星有真有假。大多数的双星，两颗星星像亲兄弟一样，它们之间确实是一对有着某种联系的恒星，这样的双星是真正的双星，科学家们把这种真正的双星称之为物理双星。有的双星相距很远，彼此之间并没有任何联系，只是由

于在地球上看上去它们差不多在一个方向上，好像离得很近
罢了。这种双星实际上不是真正的双星，只是从光学的角度
看上去有些像双星，所以科学家们把这种双星称为光学双
星。很显然，光学双星不是真正的双星。

形形色色的双星

目视双星

聚星

分光双星

密近双星

食双星

看来恒星家族的关系还挺复杂呢

　　双星有许多种，其中有一种两颗星星离得较远，用肉眼就能直接看出是两颗星，这样的双星叫作目视双星。还有一种双星两颗星星离得非常近，再大的望远镜也没有办法把它们分开，只能通过它们发射的光谱才能知道它们是两颗星星，这样的双星叫作分光双星。另有一种双星因为两颗星星相互缠绕着运动，交替地出现在前面，当比较亮的星星在前面时从地球上看去这颗星星亮度就比较大，当比较暗的星星出现在前面时从地球上看去这颗星星就比较暗，这样就使得这对双星的亮度呈现一种周期性的变化，很像变星。这种现象非常像我们熟悉的日食和月食，所以科学家们就把这种双星叫作交食双星，又叫食变星。

恒星"夫妻"——密近双星

　　我们上面介绍的双星，两颗星星之间只是互相缠绕做一种物理运动，它们之间并没有物质交换。还有一种双星像一对夫妻一样，两颗星星之间不仅相互缠绕着运动，而且发生物质交流，你中有我，我中有你，这样的双星之间的关系就更加密切，所以科学家们把这种双星叫作密近双星。

三、恒星的生老病死

我们知道，人都有生老病死，每个人从出生开始，经过儿童、少年、青年、中年、老年一直到死亡，都有一个从年轻到年老、从出生到死亡逐渐衰老的过程。那么，恒星有没有生老病死呢？有人可能认为，"恒星"嘛，就是永恒不变的星星，当然不会有出生，更不会有死亡。其实，这种认识是错误的。经过研究，科学家们认为，恒星和人一样，也有一个从年轻而逐渐衰老直到死亡的过程。既然恒星也会衰老，那么，为什么天上的星星几千年、几万年都没有什么变化，没有看到哪颗星星出生，也没有看到哪颗星星衰老、死亡呢？这是因为，恒星的演变过程非常缓慢，一般要经过十几亿年、几十亿年，甚至上百亿年的时间，我们人类的生命不过几十岁，整个人类历史也不过几十万年，相对于恒星演化的过程来讲简直就是昙花一现，实在是太短暂了。所以，我们人类不能直接看到一颗恒星从生到死的演变过程。

　　既然这样，那么，我们人类是不是没有办法研究恒星的衰老过程了呢？不是这样。打个比方来讲，一只苍蝇的生命只有短短的几个星期，相对于人的生命来讲是非常短暂的。苍蝇的一生，不可能看到一个人从生到死，逐渐衰老的过程。但是，在苍蝇短暂的生命中，它可以同时看到小孩儿、老人等不同年龄的人。

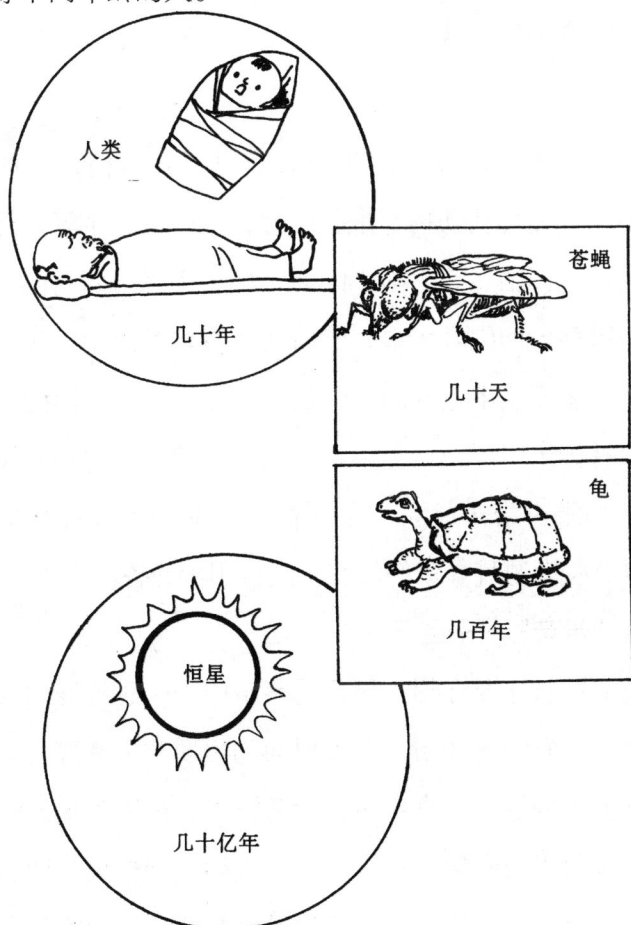

人类

几十年

苍蝇

几十天

龟

几百年

恒星

几十亿年

尽管长，可恒星还是有寿命的

我们人类观察恒星也一样，虽然我们不可能自始至终地观察一颗恒星从生到死的整个衰老过程，但是，我们可以同时观察到不同年龄阶段的恒星。这样，通过研究这些不同年龄的恒星，我们就可以研究恒星衰老的过程了。

● （一）恒星的出生

我们知道，动物的出生方式真是五花八门，比如猪、狗、牛、羊等哺乳动物都是胎生的，猪、狗、牛等的母亲，经过受孕、怀胎然后生出小的猪、狗、牛来。而鸟类却都是卵生，雌鸟先产出好多蛋，然后通过孵蛋孵出小鸟来。这些动物的出生方式虽然不同，但是它们都有一个共同的特点，就是都有母亲。那么，恒星是怎么产生的呢？它们有没有母亲呢？如果有母亲，它们是如何诞生的呢？经过多年的研究，对这些问题科学家们已有了比较明确的答案。

恒星的"母亲"——星云

我们以后还要介绍，星云是宇宙中的一种特殊的天体，它里面包含有许多物质。星云里面的物质非常稀薄，它甚至比地球上可以达到的真空还要稀薄得多，但因为星云的体积巨大，星云里面的物质总量还是很大的。与恒星里面的物质差不多，星云里面的物质主要也是氢和氦。科学家们认为，星云实际上是恒星的"母亲"，所有的恒星都是从星云产生的。星云里面的物质经过慢慢凝聚、坍缩，它的密度会变得越来越高，温度也会逐渐上升。这样，一个星云慢慢地就会变成光芒万丈的恒星了。

倒行逆施的"妖精"

上面我们介绍了，恒星是由星云收缩凝聚变成的。这个问题说起来简单，但是，一团漫无边际的星云变成一颗恒星可远不是那么简单的，它是一个非常复杂的过程。首先遇到的就是星云凝聚的问题。不知你是否知道，在地球上，热量总是从温度高的地方向温度低的地方转移；而物质都是由密度高的地方向密度低的地方扩散。让我们做两个小实验看看：

小实验：拿一根冰棍儿和一杯开水，假设冰棍儿的温度是0摄氏度，而开水的温度大约是100摄氏度。把冰棍儿放入开水中，这时你就会发现，冰棍儿迅速融化，而水的温度在急剧降低，一直到杯中水的温度相同为止。

小实验：在一个玻璃杯里装满清水，然后往玻璃杯内滴进一滴红墨水，慢慢观察这滴红墨水的变化，你就会发现红墨水在玻璃杯内慢慢扩散，直到整杯清水都变成浅红色。

物质的扩散总是自发进行的

上面的实验说明了一个道理，就是在地球上，热量总是由温度高的地方向温度低的地方转移，而物质都是从密度高的地方向密度低的地方慢慢扩散。实际上这样的例子还很多。比如，冬天房间里的暖气片的温度比室内空气的温度要高，这样热量就会不断地从暖气片传给室内的空气，使整个房间变得暖和起来；从烟筒里冒出来的黑烟，会慢慢扩散到空气中；把香水的瓶子打开，香水的分子会慢慢从瓶子里跑出来扩散到空中，使我们在整个屋子中都可以闻到香水的气味。这就是热量和物质扩散的原理。在地球上，不存在与之相反的过程。比如，上面的小实验中，已经融化的冰棍儿自己不会重新冻结起来，然后把自己的热量传给杯中原来的水，使水重新沸腾起来；已经扩散到水中的红墨水更不会在玻璃杯中重新凝聚起来；已经扩散到空中的黑烟，也不会重新凝聚起来变成一团浓浓的黑烟；已经扩散到空中的香水也不会重新凝聚起来变成一滴香水。这些与扩散的过程相反的现象如果不是魔术，在地球上是不会出现的。有人可能会问：水蒸气变成水不是物质从密度低的地方向密度高的地方转移了吗？水蒸气变成水是水由气态变为液态的一种物质形态的转变，与物质的扩散不是一回事儿。而这个过程恰恰是热量由温度高的地方向温度低的地方转移的过程。水蒸气必须把自己的热量传给周围的空气，降低自己的温度才能变成水。

扩散物质

神秘的"魔力"使扩散的物质凝集起来

为了用通俗的道理说明这个问题，英国的一位科学家杜撰了一个"妖精"。他说，要想出现让热量从温度低的地方向温度高的地方转移，或者让已经扩散的物质重新凝聚起来，除非有一个这样的妖精，这个妖精能够识别、控制分子的运动，它能让热量随意传递，让已经扩散的分子重新回到一起凝聚起来，如果没有这样的妖精，这样的荒唐事情在地球上是不会出现的。

"魔力"无边的万有引力

"大千世界，无奇不有"。在地球上绝不可能出现的一些荒唐事，在神秘的宇宙当中却无时无刻不在进行着！我们前面已经讲过，恒星是由星云凝聚、坍缩变成的，这种凝聚的过程实际上就是已经扩散的物质重新回到一起的过程。科学家们已经证明，在那些质量巨大的星云当中，英国那位科学家杜撰的妖精会不请自来。一般说来，在这样巨大的星云内部，物质的分布不可能是完全均匀的，总有一些地方比较稠密，而另一些地方比较稀疏，这样那个神秘的妖精就会在这里大显神威，兴风作浪，把那些分散的气体分子驱赶到稠密的地方，使星云内部物质分布得更加不均匀。

伟大的科学家——牛顿

　　这个神秘的"妖精"到底是什么东西呢？它是用什么"魔法"使得本来已经分散的物质重新凝聚起来的呢？其实，真正起作用的是无处不在的万有引力。

　　那么，什么是万有引力呢？这还要从牛顿谈起。牛顿是17世纪英国的一位伟大的物理学家、数学家和天文学家。1666年，英国的伦敦瘟疫流行，牛顿为了躲避瘟疫离开了伦敦回到家乡。在家乡的果园中散步的时候，牛顿无意中看到了树上的苹果向地下落的现象。这个一般人看来不足为奇的现象，却引起了牛顿的极大兴趣。他想：为什么苹果向地下落而不往天上飞呢？一定是地球对苹果有一种引力，并且这种引力是指向地心的，所以苹果才会向下落，地球上的任何东西都会受到地球的这种引力。进一步，牛顿又把这种引力扩大到宇宙空间。他认为：任何物体之间都有一种相互吸引的力，这种力的大小与两个物体的质量以及它们之间的距离有关，质量越大引力越大，距离越大引力越小。这种引力就叫作"万有引力"。牛顿的这个伟大发现，对天文学的研究起到了巨大的推动作用。

大质量的星云内部，由于质量巨大，万有引力的作用是非常强烈的，并且星云的质量越大这种作用也就越强，强大的万有引力使分散在四面八方的气体以极其迅猛的速度向那些比较稠密地方落下，这个过程就像高大的楼房倒塌一样，所以科学家们把这个过程称为坍缩。现在我们明白了，在星云当中使已经分散开来的物质重新凝聚起来的"妖精"实际上就是万有引力。

"发高烧"的星云

由于前面我们已经讲过的万有引力的作用，巨大的星云开始急剧坍缩，这种坍缩使原来巨大的星云在几百万年间猛烈收缩，并碎裂成大小不一的小星云。这些小星云，质量不一，形状各异。但是，小星云的密度已经比原来的大星云大了几百倍，但是实际上仍然非常稀疏。所以当大星云分裂成小星云之后，在小星云的内部坍缩仍然在进行。我们前面已经讲过，物质在收缩过程中会释放出大量的能量，同样小星云在坍缩过程中也会释放出大量的能量。开始由于密度较小，小星云大体上还是透明的，所以在坍缩过程中释放出的能量，都变成红外线毫无阻挡地释放到太空中了，因此这时的小星云温度仍然很低。随着坍缩的不断进行，小星云的密度越来越大，而它的透明度却越来越小，由于透明度变小，红外线不能很好地向外释放，所以坍缩过程中释放出来的能量就会保留在小星云的内部，使得星云内部的温度越来越高，这样小星云就慢慢发起"烧"来。虽然小星云这时的温度比刚开始的时候要高得多了，但是与恒星相比，它的温度还是很低的，所以这时的星云仍然是星云还不能称为恒星。

恒星的胚胎——球状体

我们前面已经介绍过。大星云在万有引力的作用下发生坍缩、分裂，而后变成一个一个的小星云。实际上，这些小星云仍然是星云，从形状上看它们仍然是不规则的，只不过它们的密度要比大星云高多了，并且开始变得不透明罢了。小星云继续受万有引力的作用进一步收缩，密度会越来越大，温度也越来越高。它的形状也开始变得"规矩"起来，由原来不规则的形状慢慢地变成了球形，所以科学家们形象地把这种天体叫作"球状体"。球状体实际上是由星云向恒星转变过程中的一个过渡性的东西。它"非驴非马"，既不属于恒星，同时在很多方面也和星云不一样了，所以科学家们非常形象地把它比喻为恒星的"胚胎"。进一步研究表明，球状体的密度已经比通常的星云大几千倍，它完全不透明，温度也比原来的星云高多了，但是球状体基本上还不发光，所以从本质上讲，它还不是恒星。球状体会进一步收缩，其内部的温度也会进一步升高，这样，经过几十万年、几百万年以后，它就会脱颖而出变为新的天体。

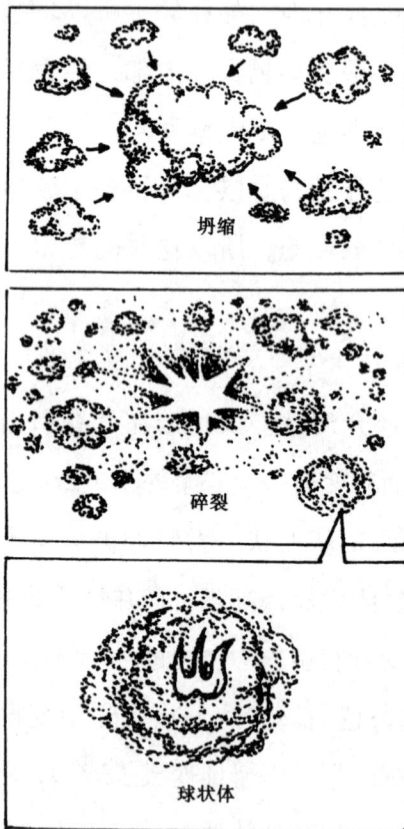

恒星胚胎在星云中孕育

科学家们经过多年的搜索，仅在太阳系附近就发现200

多个球状体。人们由此推算，在银河系内这样的球状体至少要有几万个。

快速成长的恒星"胎儿"

一颗恒星即将诞生

在发现了球状体不久，美国的两位科学家又发现了一种从来没有见过的新的天体。与球状体不同的是，它们已经能够发光，是宇宙中一团一团能发光的东西，它们既像星云又像恒星，呈现出一种似云非云、似星非星的状态。它们的中间都有一个发光的像恒星一样的亮斑，周围包裹着一层星云一样的物质。科学家们认为，这种既像恒星又像星云的东西是由球状体进一步演化而来的，它们已经开始具有了恒星的某些性质，所以科学家们形象地把它比喻为恒星的"胎儿"。有趣的是，这种恒星的"胎儿"像人的胎儿一样，也生长得非常快，它的变化速度简直让人难以置信，在短短的几年、十几年中就会发生明显的改变。科学家们认为，这种快速成长的恒星"胎儿"，用不了几十万年到几百万年的时间，就会变为一颗新的恒星出现在宇宙中。

恒星的幼年

恒星的"胎儿"进一步发育变化，其内部的物质不断收缩，温度也不断升高。当温度升高到足以引发原子反应的时候，这颗恒星的"胎儿"就开始向外发出大量的光和热，这时一颗幼年的恒星就诞生了。

我们前面已经讲过：质量是确定恒星命运的主宰，一个星云能不能变成恒星，起主要作用的仍然是质量。质量小的星云在变成恒星的过程中由于内部温度低、压力小，其内部只能发生一些简单原子反应。虽然这些反应也会产生不少的光和热，使处于幼年状态的恒星发光、发热，但这种反应不能维持太久，所以，用不了多长时间这样的幼年小恒星就会自动熄灭。因此，小质量的星云变成的恒星，只能停留在恒星的幼年阶段，等不到发育成壮年它就"夭折"了。而较大质量的星云形成的恒星，就会从幼年继续发育直到变成一颗主序星，这时，这颗新的恒星在恒星的家谱"赫罗图"上已经有了自己的位置。从这时开始，这颗新的恒星已经成为恒星家族的一名名副其实的成员了。所以，恒星的年龄是从恒星进入主序星的时候开始计算的。

主序星

小恒星

幼年的恒星"夭折"了

"奢侈"的恒星

实际上，星云演变为恒星的过程是十分复杂的。除了受万有引力的作用之外，内部的热运动、磁场的作用等都对恒星的形成有影响。在由星云变为恒星的几百万年的"折腾"

当中，往往有大部分的物质被"淘汰"，没有能够参加恒星的形成。所以，恒星在形成的过程中是非常"浪费"东西的。一般来讲，恒星质量越大，在它形成的过程当中损失的东西就越多，大质量的恒星在形成的过程当中往往有80％的物质没有被利用上。看来，大质量的恒星真是一个"奢侈"的家伙。

此外，由星云演变成恒星的时间与恒星的质量也有关系。恒星的质量越大，需要的时间就越短；恒星的质量越小，需要的时间就越长。大质量的恒星往往仅需要几千万年，有的甚至只需要几万年；但是小质量的恒星往往需要几亿年甚至十几亿年的时间。

●（二）恒星的生长与衰老

再谈恒星的种类

我们在前面已经介绍了许多种类的恒星，比如巨星与矮星，还有主序星、变星、白矮星、中子星、黑洞等。那么，是不是宇宙当中真的有这么多种类的恒星呢？不是的。实际上，这么多种类的恒星只不过是不同年龄的恒星罢了。比如，主序星是壮年的恒星，红巨星和变星是老年的恒星，至于白矮星、中子星、黑洞等就是恒星死亡以后的东西了。和人类一样，恒星在一生当中也是青壮年的时间占得最长，而幼年和老年的时间相对比较短。主序星是恒星的青壮年时期，恒星的一生当中在主序星阶段呆得时间最长。这样一来，恒星家族中的主序星就最多，所以，我们在观测当中看到的绝大多数恒星是主序星，其他的幼年或者老年的恒星相对就比较少。

恒星的生命历程

现在我们明白了，我们已经介绍过的各种类型的恒星实际上只是恒星演化过程中的不同阶段而已，并不是宇宙当中有这么多种完全不同、没有任何联系的恒星。

恒星生存的标志——"燃烧"

我们知道，恒星最大的特点就是不断地向外发出大量的光和热，而这种光和热是依靠恒星内部物质原子反应产生的。那么，恒星的这种原子反应是如何进行的呢？这种原子反应实际上就是恒星内部物质的一种特殊方式的"燃烧"。我们曾经介绍过，原子反应不是那么容易进行的，它需要非常高的温度和非常大的压力，没有高温高压的条件，原子反应不可能进行。由于这种原因，恒星的原子反应实际上只在恒星的中心发生，因为在恒星的中心温度最高、压力最大，最适合原子反应的进行。我们观测到的恒星表面的光和热，实际上是从恒星的核心传到外面的。由此看来，每一颗恒星在其中心都有一团熊熊燃烧的原子之火！停止这种"燃烧"，恒星也就不能向外发光发热了，这颗恒星也就不存在了。所以，我们可以这样讲，"燃烧"是恒星存在的一种标志，"燃烧"自己向外发光发热是恒星一生中的永恒主题。

"夹生饭"

我们前面介绍了，恒星的原子反应只在恒星的中心进行。由于恒星内部的巨大压力，实际上位于恒星中心的东西很难与外层交换。这样一来恒星只能"燃烧"中心的那点儿东西，不管恒星的中心"燃烧"如何激烈，外部的东西都一点儿也不知道！这就像我们做米饭加水少了一样，锅底的饭已经煳了而上面的饭仍然没熟，最终是一锅夹生饭。这样看来，恒星的燃烧过程还真与做一锅夹生饭相似呢！

"心变坏"——恒星衰老的开始

氢 ⇨ 氦

恒星衰老的开始

　　恒星中心的物质毕竟是有限的，时间一长中心的物质就被慢慢"燃烧"完了。我们讲恒星中心的物质"燃烧"完了，并不是说这些物质已经没了，而是中心的物质经过"燃烧"之后变成新的东西了。我们知道，恒星的原子反应实际上主要"燃烧"氢，氢经过原子反应之后变成了氦，如果恒星中心的物质全部变成了氦，我们就可以说，在这个阶段恒星中心的物质已经"燃烧"完了。这时，这颗恒星的青壮年时期已经过去，开始由青壮年向老年迈进。所以，"心变坏"是恒星衰老的开始。当然，在更高的温度和更高的压力之下，氦也可以继续"燃烧"变成更重的物质，但无论怎样，这种变化总是恒星衰老的开始。关于这方面的情况我们在后面还会提到。

恒星的"发福"

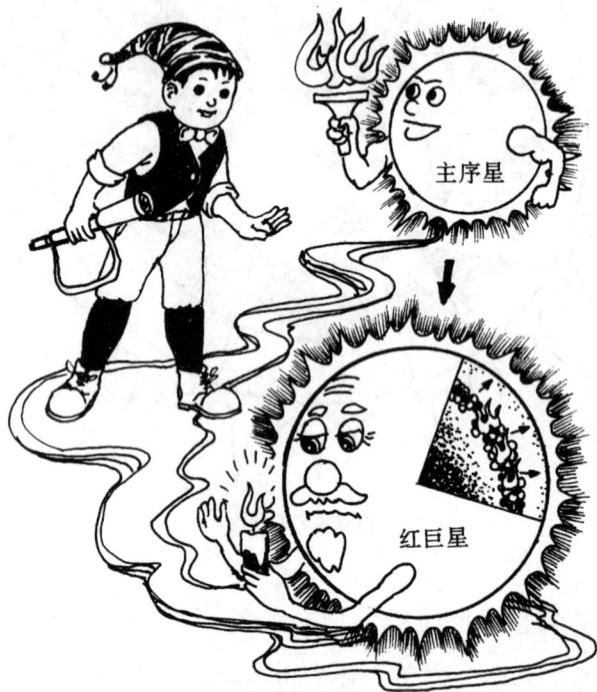

恒星的发福

我们知道，人的年纪大了一般都会慢慢地胖起来，这就是人的发福。有趣的是，恒星年纪大了也会"发福"。当恒星中心的物质全部"燃烧"完之后，恒星的"燃烧"并没有停止，而是慢慢地由中心转到外部，向外"燃烧"。由于恒星的"燃烧"由中心转到外面，"燃烧"产生的大量能量使恒星的外层剧烈膨胀，这时恒星的体积就会迅速增大，恒星也就由主序星变成了红巨星。

在恒星"发福"的过程中，如果恒星的质量适当，这时这颗"发福"的恒星就会反复收缩膨胀、膨胀收缩。这就是我们前面已经介绍过的造父变星。由此可见，变星也是恒星一生中的一个特殊阶段。

"捣鬼"的双星

我们已经知道，恒星的寿命长短、衰老的速度都与恒星的质量有关。恒星的质量越大，其寿命也就越短，衰老的速度也就越快；恒星的质量越小，其寿命就越长，衰老的速度也就越慢。科学家们甚至认为，质量大的恒星寿命短、衰老快是恒星演化的"金科玉律"。到目前为止，科学家们观察到的恒星无一例外地都符合这个规律。

但是，在科学家们观测双星的时候，恒星世界的这个"金科玉律"却不灵了。一般说来，两颗形影不离、相互缠绕的双星都是同时诞生的"双胞胎"，它们的实际年龄一般大致相同。所以科学家们推论，在双星当中，质量大的恒星必然比质量小的恒星要显得衰老；而质量小的恒星也必然比质量大的恒星年轻。但是，实际的观测结果却恰恰与此相反。在双星当中，质量小的恒星已经变成了老态龙钟的白矮星，而质量大的恒星却仍然是处于"青壮年"时期的主序星。这个奇怪的现象引起了科学家们的兴趣。

恒星"夫妻"——密近双星

　　经过几十年的苦苦探索，科学家们终于发现了其中的原因：原来，凡是出现此类问题的双星都是彼此靠得非常近的恒星"夫妻"，即密近双星。我们曾经介绍过，密近双星之间不仅相互缠绕运动，而且还有物质交换，这种物质交换一般说来是单向的。也就是说，一颗星非常"慷慨"地只"出"不"进"；而另一颗恒星却非常"吝啬"地只"进"不"出"。实际上，我们现在观测到的双星当中，那颗质量大而年纪轻的大星在双星形成的时候是质量较小的恒星；现在质量小而又非常衰老的小星，在双星形成的时候却是质量较大的恒星。由于后者的质量大，所以在双星的演化过程当中，它首先进入老年阶段，外壳急剧膨胀，向外抛射出大量的物质，这些物质大部分被原来质量较小的恒星吸收。由于这种抛射和吸收作用，使得原来质量较小的恒星变成了质量大的星；而质量较大的恒星由于脱掉了"外衣"，反而质量变小了。这样就使我们观测到了质量大而年纪轻，质量小却年纪大的奇怪现象。由此看来，这种奇怪现象是双星蒙蔽了我们。实际上，仍然是质量大的恒星先衰老，而质量小的恒星后衰老。

这样看来，双星的奇怪现象不仅没有把恒星演化的"金科玉律"推倒，反而从另一个侧面证明了它的正确性。

● （三）恒星的死亡

我们知道，如果一个人的心脏停止了跳动，大脑停止了思维，我们就说这个人已经死亡了。那么，什么是恒星的死亡呢？一颗恒星出现了什么情况才说明这颗恒星已经死亡了呢？我们前面已经介绍过，发光发热是恒星生存的标志，假如一颗恒星内部的原子反应已经停止，不能向外发光发热，我们就说这颗恒星已经死亡。恒星的死亡不像人类的死亡那样简单，它是一个复杂的过程。同时，不同质量的恒星死亡形式也不完全一样。

"怀胎"的恒星

我们前面已经介绍过，恒星在主序星阶段原子反应主要在中心进行，当中心的氢被"燃烧"完之后，恒星的原子反应会由内向外慢慢扩展。其实，在恒星的中心物质由氢变成氦之后，在一定的压力和温度下氦还会继续燃燃变成更重的物质，这样一来，恒星中心的密度就会越来越大。当中心密度大到一定程度的时候，它的中心实际上已经变成了一颗白矮星。而此时恒星的外面也在燃烧。这时的恒星就像怀上了"胎儿"一样。虽然从外表看来恒星仍然非常辉煌，但是内部已经开始死亡。所以，对哺乳动物来讲怀胎是新生命的开始，但是对恒星来讲"怀胎"却是恒星走向死亡的开端。

"铁石心肠"

对质量更大的恒星来讲，在演化的后期，其中心往往不能形成白矮星。其中心的物质会一直"燃烧"下去，直到全部物质变成铁为止。由于铁的密度很大，当恒星的中心全部变成铁之后其中心就会急剧收缩，这种收缩会使恒星中心物质的原子全部"压瘪"变成中子，这个道理我们在前面已经介绍过了。最终恒星的中心将形成一颗中子星。而这种收缩的过程，往往要释放出巨大的能量，这种巨大的能量使这颗恒星的外部物质以巨大的速度抛向太空，这种物质抛射的过程就是恒星爆炸。恒星爆炸会释放出巨大的能量，它就是我们已经介绍过的超新星爆发。这颗恒星以超新星爆发的方式结束了自己的一生，仅在中心留下了一具小得"可怜"的"尸体"，即中子星。

天上螃蟹的启示

螃蟹的味道非常鲜美，所以我们大多数人都非常喜欢吃。

但你是否知道天上也有一只"螃蟹"，在近200年内它一直是天文学家们最钟情的"宠物"。这只"螃蟹"就是著名的金牛座蟹状星云。最早发现这只"螃蟹"的是英国的一位科学家。蟹状星云距离太阳大约6500光年，它的"个头儿"一般是7至12光年。近年来的研究发现，这只"螃蟹"还在不断长大呢！

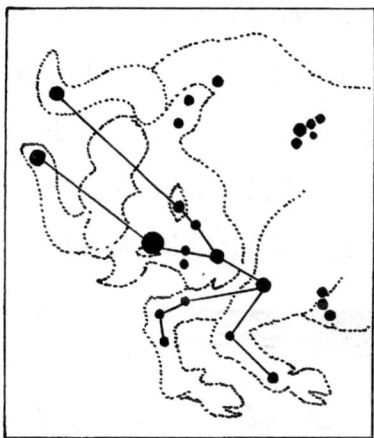

金牛座示意图

为什么科学家们如此"钟情"于这只天上的"螃蟹"呢？原来，科学家们发现这只"螃蟹"所在的位置，正是1054年超新星出现的位置。我国宋代的许多史略对1054年的超新星爆发有非常详细的记载。其中的《宋会要辑稿》中说：这颗超新星"晨出东方，守天关，昼见如太白，芒角四出，色赤白"。意思是说，当时这颗超新星颜色红白，光芒四射，在白天就可以看见。参照其他古籍可以清楚地了解到：1054年7月4日，在金牛座出现了一颗极为明亮的超新星，最亮时超过负五等，以至于在白天都可以看见，一直到1056年4月6日才从肉眼中消失，历时将近两年。因为只有中国对这颗超新星爆发有如此详细的记载，所以西方的一些科学家把这颗超新星叫作"中国（超）新星"。科学家们认为金牛座的蟹状星云就是1054年超新星爆发的产物。另外，1968年，科学家们又在蟹状星云的内部发现了一颗中子星。科学家们认为，这颗中子星就是1054年超新星爆发留下的"遗骸"。这就充分说明，超新星爆发实际上是恒星死亡的一种形式。天上"螃蟹"的出现，有力地证明了科学家们关于恒星死亡的说法是完全正确的！

中国（超）新星

恒星的"坟墓"——星云

我们前面曾经介绍过，星云是恒星的母亲，恒星都是在星云内部产生的。有意思的是星云同时又是恒星的坟墓。科学家们研究证明，多数恒星在死亡的时候会把自身外部大量的物质抛射到太空当中，这些分散到太空中的物质慢慢就会形成星云。这样看来星云是名副其实的恒星的坟墓。所以，星云是一个典型的"两面派"，一方面它是恒星的母亲，另一方面它又是恒星的坟墓。宇宙中的事情就是这样不可思议。

"鸡生蛋，蛋孵鸡"——恒星的"轮回"

谁都知道，鸡是由蛋孵化而来的，而蛋是由母鸡所生的。到底是先有鸡还是先有蛋，这是人们历来喜欢争辩而又没有答案的难题。

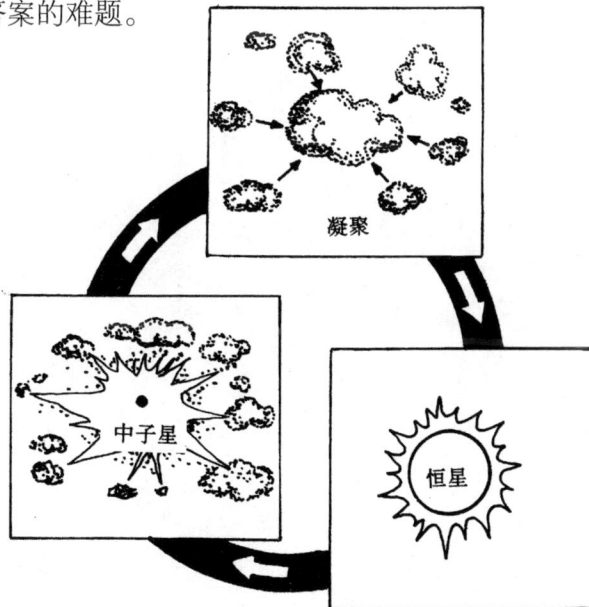

恒星的生命轮回

　　科学家们认为，恒星和星云的关系与鸡和蛋的关系非常相似：恒星是由星云的收缩凝聚形成的，而星云又是恒星死亡的产物，恒星和星云就是这样相互轮回的。一般说来，由星云变成恒星，或者由恒星死亡变成星云都要经过漫长的时间。宇宙大爆炸之后，宇宙中的原始星云慢慢凝聚形成恒星，这就是第一代恒星。第一代恒星死亡之后形成星云，这种星云经过收缩凝聚再一次形成恒星，这种第二次形成的恒星就是第二代恒星。科学家们研究认为，我们的太阳就是一颗第二代恒星。同样，第二代恒星死亡之后还可以形成第三代恒星。因为宇宙诞生至今也不过150亿年左右，所以恒星与星云的转化并没有进行过多少"代"，大约只有两代。

四、天上的河流——银河

除了太阳、月亮、星星之外，银河可能是天空中另一个最引人注目的东西了。尤其是在夏天的夜晚，银河似云、似雾，又好像一条奔流不息的河流，闪着白茫茫的银光浩浩荡荡从南到北横贯天空。

古往今来，美丽而又带有神秘色彩的银河，引起了人们无限的兴趣：银河是什么？它是怎样形成的？它和我们人类有什么关系？许许多多的问题，成了一代又一代的人人猜想、探索、研究的话题。

在科学不发达的古代，人们对银河更多的是触景生情，借题发挥，赋予了银河很多扑朔迷离而又美丽动人的神话。在我国，人们认为银河是王母娘娘为阻挡牛郎、织女用银簪划出来的一条河流；古埃及人认为银河是天神铺撒的麦子；而在古希腊，人们则认为银河是天后喷洒出来的乳汁。

　　但是，神话毕竟不是科学，当我们转向对银河进行科学探索的时候，不妨把这些美丽的神话留在记忆当中。

有关银河起源的神话

● （一）揭开银河神秘的面纱

科学的发展和进步，使人们逐渐不再相信那些对银河编造的许多美丽的神话。人们开始用科学的方法、科学的眼光来观测、探索、研究银河。

不识庐山真面目，只缘身在此山中

"难识庐山真面目"

"横看成岭侧成峰，远近高低各不同。不识庐山真面目，只缘身在此山中。"这是一首古人描述游览庐山景色的绝句。的确，同是一座庐山，从不同的角度、不同的位置观看就会有不同的景色。同时，越是身处山中，就越难以观察到整座山的真实面目。我们研究、观察银河也是这个道理。银河是一个庞大的天体系统，同时我们地球和整个太阳系都处在银河当中，所以，要想弄清银河的真实面目可不是一件容易的事。试想，一个小小的庐山尚且如此，更何况银河呢！

为了揭开银河的神秘面纱，真正弄清它的真实面目，一代又一代的科学家付出了艰苦的努力。

天啊！好多的星星

伽利略第一次扩展了人类的视野

第一次发现银河秘密的是意大利科学家伽利略。1609年，当他把自己制造的第一架天文望远镜对向银河的时候，一个轰动世界的奇迹诞生了！伽利略惊喜地发现，白茫茫的银河既不是云也不是雾，更不是什么河流、乳汁、麦子等，而是一片密密麻麻数不清的星星，而且望远镜越好，看到的星星就越多。这个惊人的发现，使人们第一次认识了银河的本来面目。同时，伽利略的这个发现，再一次激发了世界上许多科学家对银河的兴趣。

天上的星星不是杂乱无章的

在没有发现银河的秘密前，人们都认为天空的星星是杂乱无章的，它们没有任何规律地随意点缀着天空。伽利略发现了银河的秘密之后，改变了人们的这种看法，使人们联想到星星在空间的分布肯定是有规律可循的。银河就是星星按照一定的规律分布排列组成的东西。但是，银河这个东西到底是什么样子，因为不能直接观测到，科学家们就做了许多有趣的猜想。

"空心球"

根据伽利略的观测结果，英国的一位科学家首先对银河的形状进行了猜测。他认为，银河中的所有星星共同组成了一个空心的大球，银河系中所有的星星都在这个大球的外壳上。如果沿着这个外壳的方向看上去，所有的星星就会形成一个明亮的光带，这个光带就是我们看到的银河；如果沿着大球的半径看上去，就只能看到很少的星星，这些很少的星星就是天空中的其他星星。显然，这种认为银河是一个巨大的"空心球"的说法与银河的真实形状差得太远了。实际上，这种看法主要是受宗教的影响，当时宗教认为球形是最完美的结构，最符合上帝的心意。

康德的平面

康德的平面

赫歇尔的圆盘

银河系究竟是什么样子的呢

关于银河是一个空心球的说法，被当时德国的另一位科学家康德从一家小报上看到了。康德认为，"空心球"的说法不正确，银河不应该是一个空心球，它应该与太阳系相似，所有的恒星都像太阳系的行星一样，处在一个近似的平面当中，并以太阳为中心绕着太阳旋转。从今天的观点看，康德对银河系的认识也是片面的，并且他犯了一个很大的错误，就是认为太阳是银河系的中心。但是，康德的认识毕竟比"空心球"更加接近于银河系的真实形状，所以，应该说康德对于人们正确认识银河系做出了很大的贡献。

"数星星"的发现

无论是"空心球"还是"平面"，都是在伽利略发现银河是由许许多多的恒星组成的天体系统之后，凭着想象估计出来的，当时并没有比伽利略更详细的观测资料。要真实了解银河的形状，仅凭想象是不够的，必须进行仔细的观测。英国的一位科学家赫歇尔不满足前人对银河系的粗略估计。他设计并制造了一架当时最大的反射望远镜，利用这架望远镜开始数天上的星星。他先把天空划分成600多"块"，然后用望远镜做了1 000多次观测，仔细地数出每一块的恒星，先后数了十万多颗恒星。通过数恒星他发现，越靠近银河，恒星就越密，在银河的方向恒星的数量最多，而在与银河平面垂直的方向上恒星的数目最少。根据这些观测资料，赫歇尔画出了一幅扁平的、轮廓参差不齐的、太阳位于中心的银河系模型。赫歇尔创造的银河系模型是一个扁平的圆盘，圆盘的中心较厚，而周围比较薄，太阳在它的中心，但边界不整齐，有许多突出的部分。赫歇尔的这张图是人类第一次根据观测绘制的银河系形状图，虽然他和康德犯了同一个错误，阴差阳错地愣把太阳"放在"了银河系的中心，但是在当时比较落后的条件下，能取得这样的成果是相当不容易的。后来，赫歇尔还试图测量银河系的大小，但是因为当时没有测量恒星距离的方法，所以没有成功。

"丈量"银河系的大小

前面的几位科学家，只是对银河系的形状做了估计或者观测，并没有说出银河系的大小。为了弄清银河系到底有多大，许多科学家花费了大量的精力，但是要测量出银河系的大小可不是一件容易的事。要知道银河的大小，首先就要测量出恒星之间的距离或恒星到地球的距离，这又谈何容易啊！因为，恒星距离我们非常遥远，在地球上测量距离的那些方法在测量恒星距离的时候几乎都派不上用场。苦于没有很好的测量恒星距离的方法，银河系大小的问题一直没有解决。到了19世纪，科学家们研究了几种测量恒星距离的方法。主要是三角视差法、造父变星法等。利用这些方法可以大致地测量出恒星的距离。荷兰的一位科学家利用这些方法测量了一些恒星的距离，根据这些距离，他估计银河系的大小大约是1.3万光年。遗憾的是，他把银河系估计小了，实际上银河系的大小大约是8万光年。虽然他的估计不太准确，但是在19世纪那样落后的条件下取得这样的结果还是非常难能可贵的。同时，通过这个结果，人们第一次了解到银河系是那样一个巨大的天体系统！

光穿过银河系需花费8万年的时间

消光带来的麻烦

通过上面的介绍我们看到，科学家们在早期研究银河系的时候，犯了两个错误：一个是错误地认为太阳是银河系的中心，另一个错误是把银河系估计得过小了。为什么会发生这样的错误呢？这主要是因为消光这个"可恶"的东西造成的麻烦！

消光为我们带来了不少的麻烦

那么，什么是消光呢？原来，在宇宙当中除了恒星和少量的行星之外，还有大量的物质，这些物质就是宇宙当中的气体和尘埃，它们主要分布在恒星与恒星之间的广阔的宇宙空间中，虽然它们十分稀薄，但是因为宇宙太大了，这些气体和尘埃的总量还是非常巨大的。这些气体和尘埃多了就会出现一个问题，那就是它们会大量吸收恒星发出的光线，这种气体和尘埃对恒星光线的吸收就叫消光。很显然，距离越远，消光作用就越明显，这样就使得那些远处的本来很亮的恒星我们看起来就会感觉很暗，一些非常遥远的恒星可能因为消光作用太强我们就看不见了。

因为消光作用，远处的恒星看不见，所以早期的一些科学家就把银河系估计小了；也是因为消光的作用，使得我们只能看到那些距离我们差不多的恒星，所以就使科学家们错误地认为太阳是银河系的中心。你看，消光这个东西给我们带来了多少麻烦啊！

"功勋卓著"的星团

我们已经知道，星团是一种许多恒星聚集在一起形成的特殊的天体。有趣的是，星团在科学家们研究和认识银河系的过程中立了很大的功劳！因为消光的影响，远距离的恒星我们没有办法看见，使我们正确认识银河系受到了很大局限。星团是由许多恒星聚集在一起形成的天体，它的亮度要比单颗恒星大多了，所以，通过望远镜可以看到距离很远的星团。美国的一位科学家通过研究星团来分析银河系的大小和形状，收到了意外的效果。他用一架大口径望远镜观察、分析和研究了100多个星团。通过研究他发现：90%以上的星团位于人马座方向的半个天空上。这是为什么呢？他认为，假如银河系内的星团与恒星一样对称分布，而且太阳在银河系中心，那么我们在地球上看到的星团也应当是大致对称，不会90%以上的星团都跑到半个天空。这种观测的结果说明，太阳绝不是银河系的中心，银河系的中心应当位于人马座方向。这位科学家的发现第一次把太阳从银河系的中心推了出来，他的发现使人类对银河系的认识向正确的方向又迈进了一大步！不过，我们千万不要忘了这里面还有星团的功劳呢！

● （二）银河系的"真面目"

　　自从伽利略发现了银河是由无数的恒星组成的秘密之后，200多年来，许多科学家为了弄清银河系的"真面目"花费了巨大的精力。但是，真正弄清银河系的"真面目"，却是在最近一二十年。近年来，随着现代科学技术的发展，科学家们研究了许多观察、测量银河系的新技术、新方法。通过这些方法和技术，人类开始对银河系有了比较正确和全面的认识。

把银河系搬过来看看

　　现代科学技术的发展，使人们摆脱了"难识庐山真面目"的困惑，科学家们可以把大量的观测数据输入到巨型计算机当中，然后利用计算机建立准确的银河系模型。通过这些模型，我们就可以全面地、直观地观察银河系的整体形象，就像把银河系搬过来观看一样。

　　那么，下面我们就把银河系这个巨大的家伙搬到我们的面前仔细观察一番吧！

漂浮在太空中的巨大铁饼

　　从侧面看，银河系的多数物质主要分布在一个薄薄的圆盘之内，中间厚，四周薄，形状与运动员甩的铁饼差不多。科学家们把这个"铁饼"叫作银盘。银盘的中心有一个高高隆起的椭圆形部分，叫作银河系的核球，核球内部包含着一个物质非常密集的区域，这个区域是银河系的中心叫银核。银盘的外面包裹着一个巨大的圆球，这个圆球叫作银晕。银晕中的物质要比银盘中的物质稀少多了。在银晕的外面，还有一层物质更稀少的外壳，这个外壳叫作银冕，也就是银河的帽子。

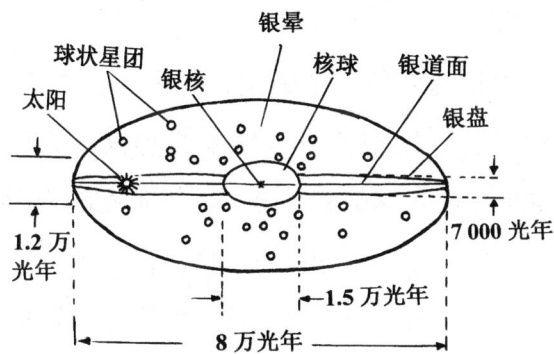

侧视

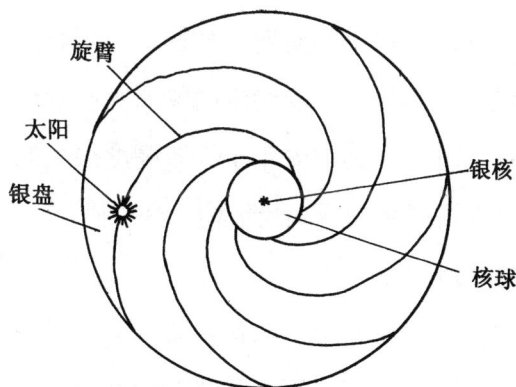

俯视

银河系结构示意图

科学家们估计，银盘的直径大约有8万光年，银晕的直径大约有10万光年，银盘中间靠近核球最厚的部分厚度大约有7 000光年。所以，我们说银盘是一个薄薄的圆盘，是与它的大小相对而言的，我们千万不能把银盘理解为很薄很薄的薄片，实际上它的厚度也有几千光年呢！银河系中心椭圆形的核球其长度大约是1.5万光年，厚度大约1.2万光年。

巨大的旋涡

我们说银河系像一个圆盘，是指从它的侧面看。假如我们从银河系的上面俯瞰，你就会发现银河系更像水中的旋涡。从它的中心核球部分长出了几条旋转的"胳膊"，这几条"胳膊"就叫银河系的旋臂。目前，科学家们在银河系内发现的旋臂一共有三条，它们分别大致处在英仙座、猎户座和人马座的位置上。所以，科学家们分别把这几条旋臂叫作英仙臂、猎户臂、人马臂。此外，在距离银河系中心比较近的地方还有一条比较小的旋臂。我们的太阳就"居住"在猎户臂的内侧。一般说来，旋臂内的物质密度要比其他地方高出十几倍；同时，旋臂内聚集了许多亮度很大的恒星，所以从正面看上去银河系的旋涡状结构非常明显。

"黑心"的银河

科学家们把银河系中心叫作银心。一般说来，银心是指银河系的中心区域。因为银心与我们的太阳系之间充满着大量的宇宙尘埃，消光现象非常严重，所以我们很难用光学望远镜直接看到银河系中心的真面目。研究银心主要靠射电望远镜、红外线望远镜等现代技术。最近的观测和研究表明，在银河系的核球中心有一个非常致密的核，科学家把这个核叫作银核，它的直径大约只有3光年左右。令人感到惊奇的是，这个小小的只有3光年的银核，却拥有相当于几百万个太阳的质量。所以一部分科学家认为，在银河的核球内部有一个质量很大的致密核，这个致密核很可能就是一个黑洞。如果真是这样的话，控制我们银河系的不是别的东西，而是神秘莫测的黑洞，光芒万丈的银河系的心却是"黑"的。多么不可思议啊！

滚动的银河

银河系在以惊人的速度向麒麟座方向奔去

我们知道，地球除了自转之外还在绕着太阳公转；太阳除了自转之外还携带着八大行星，以大约每秒250千米的速度，绕着银河系的中心，在半径大约为3万光年的轨道上公转，太阳绕银河系中心运转一周大约需要2亿年之久。实际上，在银河系当中，不仅太阳在绕着银河系的中心转动，其他所有的恒星都像太阳一样在围绕着银河系的中心转动。这就是说，银河系也在自转。此外，除了自转之外，银河系作为一个整体还在朝着麒麟座的方向以每秒214千米的速度运动。由此看来，银河系在宇宙间的运动非常像一个滚动的车轮，一方面它本身在自己旋转，另一方面又在不断向前运行。有趣的是，银河系的转动和车轮的转动又不完全一样。车轮转动时，从车轮的中心到车轮的边缘各个部分绕中心转动的速度不一样，越接近边缘转动得越快，越靠近中心转动得越慢。而银河系的自转却不是这样，在银河系中，绕银河系中心旋转速度最快的恒星，既不在银河系的边缘，也不在银河系的中心，而是在太阳系内侧几百光年的地方，位于这个位置的恒星绕银河系旋转的速度最快。也就是说，银河系的中心旋转的速度不快，银河系的边缘旋转的速度也不快，而银河系中间的那部分旋转的速度却最快。

● （三）银河系的物质组成

我们已经知道，银河系的直径大约有8万光年，那么，如此巨大的银河系是由什么物质组成的呢？在广袤的宇宙中漂浮的这个巨大的"铁饼"里面是些什么东西呢？根据科学家们的观察和研究：银河系内主要的物质是恒星，整个银河系内有1 000亿到2 000亿颗恒星，其中相当大的一部分恒星是成群成团地分布的。除了恒星之外，银河系内还有大量的气体和尘埃，这些气体和尘埃一部分组成星云，集中在银道面附近；另一部分则广泛分布在整个银河系空间之中。

银河系内的主宰——恒星

银河系俯视图

银河系中的主要物质就是恒星，恒星占据了银河系中的绝大部分质量。据科学家们的估计，银河系内的恒星总数在1 000亿到2 000亿颗。你可能会想，这么多的恒星分布在银河系内，银河系内的恒星一定很密吧。其实不然，虽然银河系内有这么多的恒星，但是由于银河系体积庞大，恒星的分布还是非常稀疏的。平均起来计算，银盘内每立方光年才有0.001 4颗恒星，恒星之间的平均距离大约有7光年。打个比方来讲，这样的恒星密度，相当于在中国这么大的国土上只有一二十个人。我们上面讲的是银河系内恒星的平均密度，实际上在银河系内恒星的分布也是不均匀的，多数恒星是成团成群地存在。这种恒星成群成团的现象表明，恒星很可能是一群一群而不是一颗一颗地诞生的。

因祸得福的巴德

在第二次世界大战期间，各国的科学家们对银河系组成的研究取得了重大进展。当时，从德国移居美国的天文学家巴德正在美国洛杉矶附近的威尔逊山天文台工作。1944年，很多天文学家因为战争离开了天文台，但是，由于巴德本人的疏忽，已经取得美国国籍的他被当时的美国政府当做敌对国侨民，被迫留在威尔逊山附近，不得自由行动。巴德顿时失去了许多自由，尤其是每当夜幕降临的时候，整个威尔逊山空空荡荡，天文台上一片寂静，许多观测室都是空无一人。然而，因祸得福，那架当时世界上最大的、口径2.5米的望远镜就成了巴德最亲密的伙伴。巴德因此获得了大量的观测时间，没有任何人来和他争用仪器，他一人可以独自享用当时世界上最先进的望远镜，专心致志地进行天文研究。同时，由于战时的灯火管制，使洛杉矶和附近的城镇一片漆黑，平时很难清除的人为干扰、灯光影响也全都自动消失，为巴德的观测创造了极好的条件。通过长时间的观测，巴德对星系内的恒星进行了细致的研究，成功地对银河系中的恒星进行了分类。

恒星家族的划分

经过认真的研究，巴德发现，在银河系的银盘内，特别是在旋臂附近，存在着很多非常年轻的大质量的恒星。根据恒星演化的理论分析，它们都是不久以前由气体和尘埃组成的星云收缩而成的，有些恒星可能还处在襁褓中，正被浓密的星云包裹着。巴德把这种与气体和尘埃紧紧挨在一起、质量很大而又很年轻的恒星称为星族 I 。巴德认为，处在银河系中心的恒星因为颜色都比较红，说明它们的年龄都比较老，所以巴德把它们称为星族 II 。现代研究表明，星族 I 大多集中分布在银盘的附近，而星族 II 则像四处流浪的吉卜赛人，在整个银河系内都有它们的足迹。而且星族 I 的恒星中含有大量的金属元素，而星族 II 的恒星中金属元素含量很少，两者相差近100倍。由此科学家们认为，星族 I 中的恒星多数是第二代的恒星，因为它们是第一代恒星爆炸后形成的星云凝聚而来的，所以这类恒星中含有大量的金属元素；而星族 II 中的恒星绝大部分是第一代恒星，所以这类恒星内部的金属元素含量很少。这里我们需要弄明白的是，星族 I 是第二代的恒星，而星族 II 才是第一代的恒星。

美丽的星云

我们已经知道，银河系中大部分的物质是恒星，但是还有一小部分物质以气体和尘埃的形式存在于恒星之间广阔的星际空间中，这些物质统称为星际物质。

人马座三叶星云

恒星固然可以组成美丽的星座图案，但这些图案只能凭借人们的想象而存在。用望远镜观察，恒星只是一个个单调的光点，没有什么特别吸引人的地方。太空中真正美丽的东西，是由星际物质组成的各色各样的星云，它们的彩色照片出现在许多天文学书籍和杂志中，是天文爱好者们最热衷于观测的对象。此外，星云联系着恒星的诞生与死亡，星际物质密集成星云的地方往往正是恒星诞生的摇篮，而对于以超新星爆发的形式结束自己生命的老年恒星来说，星云就是它们的残骸和墓地。因此，近半个世纪以来，星际物质的研究越来越受到人们的重视。

绚丽多彩的亮星云和黑咕隆咚的暗星云

按照星云会不会发光可以把星云分成两大类：一类是可以发光的星云叫作亮星云；另一类是不能发光的星云叫作暗星云。

亮星云的颜色非常漂亮，在望远镜下它们有的呈现淡绿色，有的是淡蓝色，也有的呈现一种淡淡的红色，颜色非常柔和、淡雅、美丽。我们曾经介绍过，发光发热是恒星的"专利"，恒星是通过自己"体内"的原子反应释放出大量的能量，向外发光发热的。我们还知道，星云内部的物质非常稀薄，温度也非常低，所以在星云的"体内"是不可能有原子反应的。那么，亮星云为什么会发光呢？它发出的光是哪儿来的呢？其实，亮星云本身是不能发光的，经过科学家们的认真观察发现，在每一个亮星云附近，必定有一颗非常炽热的蓝白色的恒星，星云发出的光实际上是这种恒星照耀的结果。你们知道家里用的日光灯管是如何发光的吗？日光灯内充进了许多水银蒸气，当通电的时候水银蒸气就会发射出大量的紫外线，我们人的眼睛对紫外线并不敏感，所以紫外线是起不到照明作用的。因此，在日光灯管的管壁涂有一层荧光粉，这种荧光粉遇到紫外线就会发出类似于太阳光的光线来。这样，日光灯就可以发出人的肉眼看得见的光线了。星云发光的道理和日光灯非常相似。星云附近蓝白色的恒星可以发出大量的紫外线，同时星云内部都有大量的已经电离了的氢原子，这种氢原子和荧光粉一样，当遇到紫外线照射时，就会发出荧光。这样一来，在恒星的照耀下，星云就可以发光了。所以，科学家们把星云发光的过程称为荧光过程。

那么，暗星云又是什么东西呢？实际上，暗星云和亮星云没有什么本质的区别，它们的物质组成基本上一样，只是暗星云没有亮星云那样"幸运"，在它的周围附近没有蓝白色的恒星照耀罢了，因为没有恒星的照耀星云不能发光，这样这个星云就成了暗星云。不过，和其他的星云相比暗星云还算幸运的。一般来说，在暗星云背后的背景上有很多明亮的恒星，星云会部分或全部地把恒星的光挡住，结果就会在明亮的背景下出现一片暗云，这样我们就可以发现暗星云了。至于那些既没有恒星的照耀，不可能发出荧光，又没有明亮的背景的星云，我们人类用肉眼就很难发现它们了。

猎户座星云

用肉眼可以看到的星云是猎户座大星云。这个星云是一个亮星云。冬天的夜晚，猎户座是整个南天最引人瞩目的星座，在这个星座中集中了许多明亮的星星。猎户座中间三颗明亮的恒星排成一条直线，人们把这条直线想象为猎户的腰带，在腰带下方悬挂的宝刀上，有一片模糊的光斑，这片光斑就是猎户座大星云。用望远镜观看，这片光斑并不像银河系或者其他星系那样，可以分解为一颗一颗的恒星，它是一团非常稀薄的气体，这些气体发出淡绿色的光芒，形成一个不规则的云块，包围在四颗像宝石一样闪光的恒星组成的不规则四边形之中，构成了星空中最美丽的天体之一。猎户座星云距离我们只有1 600光年，它的直径大约是16光年，主要由已经电离的氢组成。初步估计，猎户座大星云的质量大约是太阳质量的300倍。此外，在猎户座还有一个著名的暗星云，这就是猎户座马头星云。用望远镜望去在猎户座明亮恒星背景下，有一个形状非常像马头的黑呼呼的云块，这就是马头星云。马头星云因为附近没有恒星照耀，所以不发光，但因为它把背后明亮的恒星遮挡住了，人们才得以发现它那仰天长啸的雄姿。

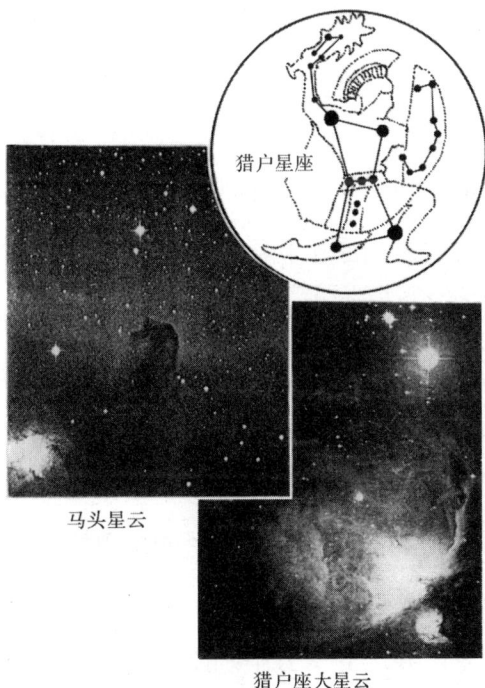

猎户星座

马头星云

猎户座大星云

猎户座星云

太空中的"烟圈儿"——行星状星云

用望远镜观测，行星状星云一般都是一个正圆形或者扁圆形淡淡发光的天体，和大的行星非常相似，所以科学家们形象地把它叫作行星状星云。在行星状星云的中心都有一颗很热的恒星，称为星云的核。行星状星云的光就是在这颗恒星的照耀下发出的。大部分行星状星云呈现为围绕着核的一个圆环，很像一个漂浮在太空中的烟圈儿。行星状星云是由它中心的恒星抛射出来的物质形成的，这种特征表明行星状星云中心的恒星已经处于晚年，有的甚至已经濒临死亡。所以从本质上讲，行星状星云的出现，是它中心的恒星开始走向死亡的标志。

奇妙的星际分子

我们前面介绍的星云，多数都是原子云，也就是说星云内部的物质主要是由原子和已经电离的离子构成的。在星际空间，除了原子之外还有分子。自从1963年发现星际分子以来，至今发现的星际分子已经超过50种，其中大部分是有机物分子。比如氢分子、一氧化碳、氰基等。奇妙的是，一些地球上根本没有的分子，甚至在实验室中也很难稳定的分子在星际空间却大量存在。对银河系的探测表明，一氧化碳的分子在整个银河系中都可以找到，但其他星际分子往往集中在黑暗、稠密、寒冷分子云中。距离地球最近的一个巨大的分子云位于猎户座大星云背后，这个分子云的总质量大约相当于1万个太阳。在银河系中像这样巨大的分子云还很多，总数大约有四五千个。关于星际分子的很多问题现在还不清楚，比如它们是如何形成的、它们将怎样演化、它们和恒星的演化有什么关系等，这些问题还有待于科学家们进一步研究、探索。

宇宙中的垃圾——星际尘埃

在宇宙当中，除了气态的原子、分子之外，还有一些固态的颗粒分散在星际气体之中。这些固态的颗粒就是星际尘埃。它们像宇宙之中的垃圾和灰尘一样，在广袤的太空中游来荡去。

研究表明，星际尘埃的总质量大约占星际物质的10%。星际尘埃主要包括水、氨、甲烷等固态物，除此之外还有二氧化硅、硅酸镁、三氧化二铁等矿物以及石墨、硅等。星际尘埃在宇宙当中十分稀薄，大约在一个足球场大小的立方体内才可以找到一粒，似乎很微不足道。其实不然，就是这些微不足道的尘埃遮挡住了恒星发出的光线，造成了严重的星际消光现象，给我们观测宇宙天体制造了许多麻烦，使我们不得不求助于射电、红外线、紫外线等现代技术手段。此外，星际尘埃还会引起恒星颜色的变化，使我们难以认清宇宙天体的真面目。

星际尘埃往往和星际分子混在一起，这表明星际尘埃对分子的形成可能起着某种作用。科学家们认为：由于星际原子十分稀薄，直接相遇结合成分子的可能性极小。但是，有了星际尘埃情况就大不一样了，黏附在尘埃上的氢原子很容易结合为氢分子，然后再返回到星际空间。这样看来，也许星际尘埃还是星际原子结合成分子的"媒婆"呢！

那么，星际尘埃是从哪儿来的呢？科学家们认为，星际尘埃中的石墨和硅等都很容易在低温恒星的大气中形成，然后以恒星风的形式被抛射出来进入太空。此外，新星或者超新星的爆发也会形成星际尘埃。

五、银河系的兄弟——河外星系

在广袤无垠、浩瀚辽阔的宇宙海洋中，我们人类的肉眼所能看到的天体，绝大多数是银河系的成员。那么，银河系是不是就是我们通常所说的宇宙呢？银河系之外有什么东西呢？

原来银河系在宇宙中才这么点儿啊

随着科学技术的发展和观测工具的进步，人类对宇宙的研究和探索也逐步迈向更深处。现在已经认识到，在宇宙中存在着数以亿计的星系。所谓星系，就是由几十亿到几千亿颗恒星以及星际气体和尘埃组成的庞大天体系统，它的空间范围一般都是几万到几十万光年。我们的银河系就是一个普普通通的星系，银河系以外的星系统称为河外星系。因此，银河系远远不是整个宇宙，它只不过是浩瀚宇宙海洋中的一个小岛，是无限宇宙很小的一部分。

● （一）银河系不等于宇宙

河外星系的发现在人类探索宇宙的进程中占有重要地位，在天文学的研究上更是具有重大意义。河外星系的发现极大地扩展了人类对宇宙的认识，进一步使人类认清了自己在宇宙中的位置。人类真正肯定河外星系的存在，不过是近70年的事。但是，就是在这短短的70年中，人类对河外星系的认识有了惊人的发展。

观测彗星的副产品

在人类探索宇宙的历史进程中，一些重大的发现往往来自一些不被人们注意的事件，河外星系的发现就是如此。

彗星是太阳系中的一种天体，它那长长的尾巴和神出鬼没的行踪引起了人们极大的兴趣。18世纪人类对彗星的观测和研究达到了高潮。当时，人们已经发现天空中有十几个云雾状的光斑，因为这些光斑和慧星的形状非常相似，所以它们成了早期观测彗星的障碍。为了避免这些光斑与彗星混淆，人们需要把它们的位置记录下来。法国科学家梅西耶一生中有30多年在搜索和研究彗星，正是他第一次把天空中云雾状天体的位置准确地记录了下来，并编制成表。这张表就是著名的梅西耶星云星团表。当时这张表只是搜索彗星的副产品，但无意中这张表却包含了构成宇宙的基本单元——星系的最初信息。

梅西耶星云图

直到今天，科学家们仍然使用这张表为星云或星系编号、定名。我们在翻阅有关天文学的书籍时，很容易发现星云或者星系的编号往往是"M"，后面跟着一个阿拉伯数字，这个编号就来源于梅西耶星云星团表。由于受观测手段和技术水平的限制，当时还没有办法回答这些云雾状的天体到底是什么，它们具有什么性质等问题。在很长一段时间内，这些云雾状的天体成了科学家们猜测的对象。

星云和星系

我们前面介绍了星云，现在又讲星系，那么，到底什么是星云？什么是星系呢？星云是由星际物质主要是星际气体、星际尘埃、星际分子等组成的云雾状的天体。由于星云本身不能发光，所以迄今为止人们发现的星云绝大多数是银河系内的天体。星系则是由大量的恒星和一些星际物质组成的庞大天体系统，是一种和整个银河系相当的东西。所以，和星系相比，星云实在不足挂齿，它只是星系内的一种普通天体而已。

那么，为什么星云和星系有时又混淆在一起了呢？比如有的人把星系也叫作星云，这是为什么呢？其实这个问题并不复杂，这是由于最初的研究和观测人为造成的。我们前面已经讲过，在技术比较落后的条件下，从地球上用一般的望远镜观测，星云和星系都是一块云雾状的亮斑，很难把它们区别开来，所以最初科学家们把很多星系当成了星云。这就难怪星云和星系有时在名字上相互混淆了。

康德的推测

　　康德是一位有丰富想象力的哲学家。在科学家们发现了大量的云雾状天体以后，他推测，既然有盘状的银河系，为什么在更远的地方就不能有其他与银河系类似的天体呢？如果有的话，在我们人类看来，这些天体就会像一片小小的云雾。同时，这些云雾状的天体会因为向我们倾斜的角度不同而呈现出不同的形状，但是大体上它们的形状应该是椭圆形。就这样，在非常粗浅的初步观测基础上，凭借丰富的想象力，康德大胆地提出：在银河系外还有类似的天体存在。这个大胆的想法，对河外星系的研究起到了很大的推动作用。

被行星状星云"戏弄"的赫歇尔

　　康德凭着自己丰富的想象力，对河外星系的存在做了大胆的推测。与康德不同，赫歇尔用自己制造的望远镜，对星空中的云雾状天体进行了缜密细致的观测和研究。他通过望远镜发现，有些云雾状的天体实际上是由许多恒星组成的星团。这个事实使赫歇尔相信：星云可能都是遥远的恒星系统，只是需要用更大的望远镜，才能清楚地看到遥远星云中众多的恒星。1775年，在大量的观测研究基础上赫歇尔断言："星云可能是和银河系一样大，甚至更大的恒星系统，在这些系统中的行星上居住的居民，看我们的银河系，也会和我们看这些星云一样，是一个云雾状的亮斑。"这个大胆的想法在当时引起了轰动。令人遗憾的是，1790年，赫歇尔在进一步观测中发现了一些行星状星云。他发现这些星云的中间，都有一颗明亮的恒星，本来应该是巨大的恒星系统的星云怎么可能只有一颗恒星呢？这些错综复杂的情况使赫歇尔感到迷惑，动摇了他早期对星云的看法。在以后的时间里赫歇尔又做了大量的观测，对天文学做出了卓越的贡献。但是，由于受当时技术水平的限制，赫歇尔把星云和星系混淆为一种东西了，一直到去世他都没能够把"星云"和"星系"分开，未能揭开云雾状天体之谜。

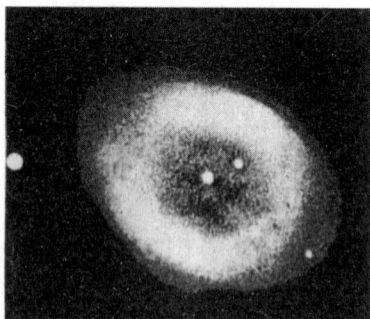

环状星云

猎犬座旋涡星系

威廉·赫歇尔

星云与星系

发现旋涡

1845年英国科学家罗斯，用自己制成的口径18米的天文反射望远镜，对星云进行了观测。他发现，某些星云具有旋涡状结构。但是，由于当时对星系的结构还没有任何了解，同时又没有办法估计星云的距离，所以虽然罗斯发现了星云的旋涡状结构，也没有办法鉴别星云到底是恒星系统还是气体云。不过，罗斯的发现对以后星系的研究起到了积极的作用。

新星立"奇功"

我们不难明白，要弄清星云到底是银河系之外的其他星系，还是银河系内的气体云，首先就要弄明白这些星云到底是由什么组成的。如果星云是由气体组成的，那么，这个星云就是名副其实的"星云"；相反，如果星云是由恒星组成的，那么这个星云就不应当叫"星云"，而应该叫"星系"了。其次，就是要弄清楚星云的距离，测量出这些星云到底是在银河系之内还是在银河系之外。如果在银河系之内，毫无疑问这个星云就是银河系内的气体云，银河系内不可能"套"着星系；如果这些星云在银河系之外，那就说明它不属于银河系，而是在银河系之外独立存在的星系。有趣的是，新星在帮助人类弄清这两个问题的过程中建立了"奇功"。

1917年，在美国威尔逊山天文台工作的天文学家里奇，偶然在一个星云中发现了一颗新星爆发。他立刻意识到这是一个重要的发现。因为，新星只能出现在一个恒星系统中，而绝不可能出现在气体云中。由此，他断定这个星云绝对不是一个气体云，而是一个由恒星组成的星系。与此同时，另一位天文学家柯蒂斯也在星云中搜索着新星。他也在许多星云中发现了新星。由此柯蒂斯认为：在星云中发现新星的事实，证明对有些星云来讲，"星云"这个名字起错了，因为它们并不是气体云，而是庞大的恒星系统。所以，这些星云不应该叫"星云"，而应该叫"星系"。同时，柯蒂斯还利用新星测量出了这些星云的距离。测量表明，这些星云处在银河系以外。以此为根据，柯蒂斯认为这些星云是在银河系之外独立存在的恒星系统。

超新星"捣乱"

正当人们为发现河外星系而感到欢欣鼓舞的时候，偶然发现的一颗超新星，却给人们迎头浇了一盆冷水！问题出在哪儿呢？

原来，当时人们还没有把新星和超新星区别开来，这样就使得科学家们在利用新星和超新星计算天体距离的时候，出现了巨大的错误。因为超新星要比新星亮度大得多，把它当做新星看待，就会把它的亮度估计低，这样根据亮度计算距离的时候，就会把距离计算小。1885年，恰好在仙女座大星云中观测到一颗"新星"，其亮度与银河系的新星相当。实际上这次爆发的不是新星，而是一颗超新星。当时美国的一位科学家沙普利把这颗超新星当做新星对待，并根据它计算出了仙女座大星云的距离。显然，沙普利把距离计算小了。由此他得出了仙女座大星云处在银河系之内的错误结论。以此为理由，沙普利反对柯蒂斯关于河外星系的认识，认为仙女座大星云不是银河系外的独立恒星系统。

造父变星"拍板定案"

　　柯蒂斯和沙普利的争论一直没有结果。因为当时的观测水平很低，有限的手段和观测资料还不足以让科学家们做出正确的判断。直到3年之后美国的科学家哈勃才给出了决定性的结论，证明旋涡状的星云确实是银河系之外独立的恒星系统。而"帮助"他得出这个正确结论的，就是大名鼎鼎的造父变星。

哈勃——仙女座大星系

　　1923年，利用美国威尔逊山天文台刚刚建成的2.5米的望远镜，哈勃把仙女座大星云的外部边缘分解成一颗一颗的恒星。同时又从其中找到一颗造父变星。根据这颗造父变星哈勃初步计算出了仙女座大星云的距离大约是48万光年。尽管由于当时对造父变星的认识还不全面，哈勃的计算有错误，但足以说明，仙女座大星云确实是银河系外的一个河外星系。实际上，仙女座大星云距离我们大约是260万光年，而银河系的直径仅仅是8万光年左右。特别应该说明的是，仙女座大星云虽然距离我们这么遥远，但它却还是离我们比较近的星系呢！

由于哈勃在观测时把仙女座大星云的边缘区域分成了一颗一颗的恒星，所以在大致确定旋涡星云的距离之后，对星云中心是不是也是由恒星组成的，有人仍然持怀疑态度。直到1944年，另一位科学家巴德把仙女座大星云的中心区域也分解为一颗一颗的恒星之后，人们才最终解除了怀疑。所以，人们完全弄清河外星系的时间应该是1944年。

科学的研究和探索是一项艰辛的劳动。从对河外星系的探索和研究过程中，我们不难看出，要想得到正确的科学结论，需要科学家们付出多少心血啊！

● （二）"安分守己"的正常星系

经过近70年的观测研究，科学家们在宇宙中发现了数亿个河外星系。由此看来我们的银河系对于茫茫宇宙来讲，只不过是大海中的一叶扁舟而已。那么，这么多的河外星系是不是都和我们的银河系一样呢？不是的。研究发现，河外星系无论是质量，还是形状都存在很大的差异。

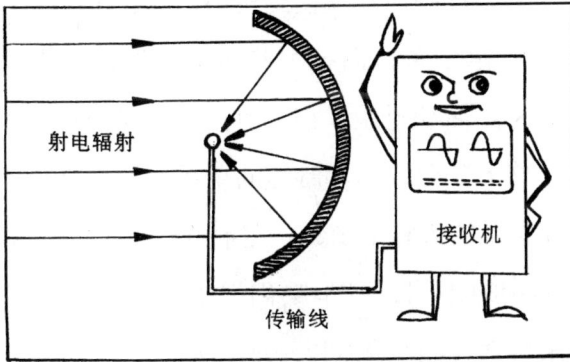

射电望远镜远望示意图

几千年来，人们一直靠肉眼观测天空，近几百年才开始使用光学望远镜。虽然光学望远镜把人类视野扩大了，使人类可以观测到更遥远的天体，但是，无论是用光学望远镜还是用肉眼观测天空，人们能够看到的只是天体发出的可见光。所以人们曾认为，星系中除了新星和超新星爆发偶然打破局部的沉寂外，整个星系总的来看是相当平静的，它们总是那样稳重地、不慌不忙地转动着。

实际上，宇宙中的各种天体，无论是恒星还是星系向外发出的光线不仅仅是可见光，更多的则是人类的肉眼看不到的光线，像射电、红外线、紫外线、X射线等。近几十年来，随着射电望远镜、红外线望远镜以及其他高科技手段的发明和利用，科学家们发现，河外星系实际上并不是那样"四平八稳"、甘受寂寞的。它们每时每刻都在活动着、变化着，只不过有的活动变化规模大，有的规模小而已。由此，科学家们把那些活动规模比较小，看起来比较"老实"的星系称为正常星系；而把那些活动激烈，喜欢"调皮捣蛋"的星系称为活动星系。在目前已经发现的星系当中，正常星系占了绝大部分，活动激烈的星系仅占很小一部分。喜欢"调皮捣蛋"的人总是少数，在宇宙中星系也是这样。

根据形状的不同，科学家们把正常星系又分成了几大类。看起来科学家们也喜欢以貌取"人"。

压瘪的橄榄球——椭圆星系

椭圆星系的模样都差不多，像一只压瘪的橄榄球漂浮在茫茫宇宙中，显不出任何结构。有趣的是，从目前已经发现的星系来看，宇宙中最大和最小的星系都是椭圆星系，最庞大的椭圆星系有几千亿甚至几万亿颗恒星，而最小的椭圆星系只有几百万颗恒星，这些矮小的椭圆星系很像我们银河系里的一个星团。椭圆星系是星系中的"大户",科学家们认为,在已经发现的星系中,椭圆星系约占60%。

椭圆星系

椭圆星系中年轻的恒星极少,大多数恒星是老态龙钟的老年恒星,一些大质量的恒星几乎都到了生命的终点,成为发光度很低的白矮星、中子星,有的甚至已经变成黑洞。所以,尽管椭圆星系中恒星数量很多,但相对来说总的光度不大,比较暗,颜色看上去比较红。

宇宙中的"破风车"——旋涡星系

旋涡星系一般都有一个突起的核心部分,叫作核球。核球外面是薄薄的圆盘,从核球附近"长出"两条或两条以上的"胳膊"向外延伸，叫作旋臂，像一只破旧不堪的风车一样飘浮在宇宙当中。我们的银河系就是一个典型的旋涡星系。在旋涡星系的星系盘里，特别是在旋臂当中，含有很多的气体和尘埃，这里有大量的新诞生的恒星，而在旋涡星系的核球当中则主要是一些年老的恒星。因此，旋涡星系的盘与它的核球具有不同的亮度和颜色。与椭圆星系相比，旋涡星系看上去要漂亮多了。仙女座大星云就是一个距离我们最近的旋涡星系。

科学家们把上面我们说的旋涡星系称为标准旋涡星系。还有一类旋涡星系，从正面看，它的"胳膊"不是从核球"长"出来的，而是从通过核球中心的一根"圆棒"的两端伸出来的，因此，科学家们把它们叫作棒旋星系。棒旋星系的性质与旋涡星系相似。

星系中的"四不像"——不规则星系

除了椭圆星系和旋涡星系之外，还有一类星系，它们的形状看上去既不像压瘪的橄榄球，又不像破旧的风车，模样奇形怪状很不规则，因此，科学家们把这类星系都叫作不规则星系。不规则星系是比较年轻的星系，里面含有很多的气体和尘埃，其中的恒星多数都是明亮的年轻恒星，年老的恒星很少。因此，不规则星系的颜色最蓝，也最亮。距离我们比较近的大麦哲伦星云和小麦哲伦星云都是不规则星系。这两个星系都在南半个天空，在我国只有到南沙群岛才能一睹"她们"的芳容。

颜色决定"辈分"

星系颜色是由于星系发出不同种类的光所占的比例不一样造成的。红色的星系发出波长较长的光比较多；蓝色的星系发出波长较短的光比较多。目前，科学家们对大约1 500个星系发出的光进行了观测和研究，他们发现，星系的形态越老，颜色就越红；星系的形态越"年轻"，颜色就越蓝。

● （三）"动荡不安"的活动星系

我们居住在地球上的人类，世世代代遥望着星空，肉眼看上去星空总是那样宁静、安谧，只有行星的"漫步"、流星的匆匆掠过、彗星的偶尔"造访"，以及几辈人难得一见的新星爆发，才多多少少给沉寂的星空增添了一点活力和生气。

然而，我们人类世世代代熟视无睹的星空的恬静和安谧，只不过是一种假象。现代天文学家利用各种尖端技术手段，通过大量的观测研究发现：貌似宁静的星空，无时无刻不在发生着变动和喧嚣。恒星有诞生、成长和死亡。同样，每个星系也都有自己"兴衰存亡"的历史。看来，生老病死是万事万物共同遵循的客观规律。就我们已经发现的星系来讲，有些可能正处在青壮年时期，风华正茂，春风得意，悠哉游哉；有些星系却正处在剧烈的灾变之中，经受着出生的阵痛或发出临死前的哀鸣！为了研究方便，科学家们把有明显的剧烈活动，同时存在的期限大大小于正常星系的这类星系称为活动星系。

"小核的桃子"——赛佛特星系

我们平常吃桃子都喜欢吃核小肉多的。有趣的是，宇宙中也有一个这样"肉大核小"的桃子呢！但这个"桃子"可不是吃的，它正是我们要谈的赛佛特星系。

赛佛特星系

我们知道，旋涡星系的中心都有一个"核"，叫作"星系核"，这里是星系中恒星比较密集的地方。20世纪20年代，人们在弄清了旋涡星系是处于银河系之外的星系之后，就把主要精力放在了对河外星系的形状和分类的研究上，而对旋涡星系的星系核并没有给予足够的重视，仅把它看成星系中恒星比较密集的区域而已。但是，恰恰就是这个"核"中隐藏了许多秘密。

1943年，美国天文学家赛佛特对12个有些异常的旋涡星系进行了观测研究。他发现，这些星系的星系核比一般的旋涡星系的核小得多，整个星系要比它的核大千倍以上，但亮度却特别大，而且亮度有明显的变化，变化时间从一天到一年不等。更不可思议的是：通过光谱分析，科学家们认为，这种星系的星系核正在以很高的速度向外喷射气体流。这些情况都表明，这类星系的星系核中存在剧烈的活动。因为这类星系是赛佛特发现的，所以凡是有上面这些特征的星系统称为赛佛特星系。那么，是什么原因使这类星系在自己的内部发生这样激烈的"火并"和"内讧"呢？科学家们对此有种种推理和猜测，但至今没有一致的意见。

发射电波的高手——射电星系

电波也叫电磁波。我们知道，广播电台、电视台、移动电话、无线寻呼就是通过电磁波发射或接收信号的。那么，是不是只有电台、电视台、寻呼台才能向外发射电波呢？不是的。自然界中能够向外发射电磁波的东西太多了。电磁波归根结底是一种波，根据它的波长或频率的不同可以把它分成许多种。比如，我们人的眼睛可以看到的红、橙、黄、绿、青、蓝、紫等各种颜色的光，就是不同波长的电磁波，医院检查病情用的X光也是一种电磁波。

宇宙中的恒星、星系等都能向外发射电磁波。其中，恒星或者星系向外发射的一种电磁波，科学家们把它叫作射电。因此，射电也是一种电磁波。有一种星系可以向外发射非常强烈的射电，这种星系就叫射电星系。

发射电波的高手——射电星系

让科学家们费解的是，发出这样强的射电需要十分巨大的能量。我们知道，超新星爆发可以释放出巨大的能量，而射电星系向外发射射电需要的能量相当于数百亿颗恒星同时发生超新星爆发释放出的能量。如果这种事件发生在我们银河系，就需要银河系中的全部恒星中每几十个就得有一颗发生超新星爆发。射电星系里面到底发生了什么事情？如此巨大的能量是从哪里来的？这些问题至今仍是让科学家们备感头疼的难题！

正常星系也"闹心"

活动星系的星系核都处在剧烈的变化中，乱成了一锅粥。那么，正常星系的内部是什么样的呢？是不是非常安定呢？经过大量的观测研究，科学家们发现不是这样的，正常星系的星系核也存在活动的现象。在已经发现的正常星系中，起码有三分之一以上的星系显示出某种活动的迹象。

我们的银河系是一个典型的正常星系，近几十年的研究表明，银河系的内部也存在着剧烈活动的迹象。科学家们用射电望远镜对银河系的核心进行认真的观测后发现，银河系的中心有一个直径大约为40光年的射电源。这表明在这个区域肯定有高速运动着的气体，因为只有高速运动的气体才会发出这样的射电。这充分说明，我们银河系的中心并不"平稳"，也处在剧烈的变化当中。类似的现象，在其他正常星系中也观测到了。

● （四）宇宙中的"怪物"——类星体

茫茫星空广袤无垠，各种各样的天体复杂多样，扑朔迷离，无奇不有，无怪不出。类星体就是一个让许多天文学家头疼的怪物。20世纪60年代发现的这种宇宙中的"怪物"引起了全世界天文学界的震动！

奇怪的光谱

1960年，美国的一位科学家发现了一个发出强射电的射电源。他认为这个强射电源就是三角座中一颗相当暗的恒星。这是什么意思呢？我们知道，宇宙中的天体，不管是恒星还是星系，都向外发射着电磁波。可见光是一种电磁波，射电也是一种电磁波。很多天体既向外发射射电，又向外发射可见光。可见光人的眼睛可以看到，所以通过肉眼或者光学望远镜就可以对天体发出的可见光进行观测研究。而射电是一种人的肉眼看不到的电磁波，只有通过射电望远镜才能接收到。宇宙天体发出的可见光很容易受到星际尘埃的阻挡，使得我们地球上的人难以观察清楚，所以，用可见光研究天体往往有很大的局限性。而射电却具有很强的穿透性，它可以穿过大量的宇宙尘埃到达地球。所以通过射电，可以更好地研究、分析宇宙天体的特征。科学家们在研究宇宙天体的过程中，往往会把通过射电望远镜接收到的射电信号与通过光学望远镜看到的天体进行对比，来研究这些射电到底是来源于哪个天体。这位美国的科学家估计，他接收到的强射电，就来源于这颗较暗的"恒星"。令人不解的是，一颗普通的"恒星"怎么会发出如此强大的射电呢？于是，他对这颗恒星的光谱进行了认真的研究。他发现，这颗恒星的光谱和以往见到过的光谱都不一样，此外，在这颗暗恒星的周围，隐隐约约地似乎还能看到一块云状的外壳。在以后的两年中，他又相继发现了几颗这样的恒星，它们的光谱也都很特别，很难理解和解释。它们会是什么呢？

惊人的"红移"

与其他几位科学家一样，荷兰的一位科学家也被这样的光谱迷惑住了，他绞尽脑汁，百思不得其解，弄不清这样的光谱到底是什么东西发射出来的。

他反复地琢磨、推测。有一天，他忽然感到这种光谱与氢原子发出的光谱非常相似，只不过是整个光谱都向红光的那边移动了一大截。就这样，荷兰的这位科学家解决了使人们困惑数年之久的难题。他认为，这种奇怪的光谱实际上就是氢原子的光谱，只不过是红移之后的光谱，它的惊人之处就在于红移量太大，以至于差点儿认不出来。

那么，什么是红移呢？所谓红移就是某些天体发出的光谱，谱线排列顺序没有什么变化，但却整体地向着红光的方向发生了移动。比如，某种光谱根据光谱中的谱线排列顺序分析，本来应该是黄光，但是现在却变成了红光；或者说，本来应该是绿光，现在却变成了黄光，我们就说这种光谱发生了红移。但是，一般来讲，天体光谱的红移是有限的，如此巨大的红移是以往从没有发现过的。这又是怎么回事呢？

红移光谱示意图

奇怪的"脾气"

巨大的光谱红移现象，使科学家们陷入了进一步的困惑之中。因为科学家们认为，天体光谱的红移，与天体距我们的距离、天体远离我们而去的速度有关。距离我们越远，离开我们的速度越快，天体光谱红移就越大。如此算来，这种奇怪的暗"恒星"距离我们有20亿到65亿光年，并且正在以每秒近10万千米的速度远离我们而去。按照常理来讲，这么远的距离，这个奇怪的东西的亮度应当非常小，但是它却并不特别暗。实际上，它比最亮星系还要亮二三百倍。然而，它的尺度却比一般的星系小得多。

就这样，一种新型的、前所未有的天体被发现了：它在光学上非常像一颗恒星，它有惊人的亮度，它的光谱有巨大的红移，它能发出很强的射电，它的尺度很小能量却极大，它距离我们非常遥远，并且正在以非常高的速度远离我们而去。种种奇怪的特点，使人们无法把这种东西归属到任何一种已经知道的天体中。因为它从光学上看非常像一颗恒星，所以科学家们就暂时把它叫作"类星体"。

探索宇宙奥秘的好帮手

宇宙是什么？宇宙是怎么产生的？宇宙的昨天是什么样？宇宙的明天将怎样发展？等等，这些问题一直是科学家们热衷探索的问题。目前，相当流行的、被大多数人接受的是大爆炸宇宙学说。这种学说认为：我们的宇宙演化就是一次大爆炸，经历了从热到冷、从密到稀，不断膨胀的历史过程。按照这种说法，过去的宇宙应该比现在小得多。因此，观测远方的天体就是观测宇宙年轻时的面貌。距离我们上百亿光年的类星体，向我们提供了许多宇宙年轻时的情况。因为，类星体距离我们上百亿光年，这就是说我们现在观测到的无论是可见光还是射电，都是类星体在百亿年前发射出来的。所以，类星体就像地球上的化石一样，向我们提供了大量的原始宇宙信息，它能从一个侧面反映整个宇宙的演化过程。因此，类星体是科学家们研究宇宙的一个好帮手。

宇宙演化的活化石——类星体

不仅如此，类星体还是在最远处照亮黑暗宇宙边界的探照灯。在它们的光芒照耀下，一些无法直接看到的暗淡星系和一些不能发光的星际气体云，由于吸收类星体发出的光而使我们能够发现它们。所以，类星体还是研究遥远天体和星际物质的有力武器。

● （五）"拉帮结伙"的星系

河外星系的发现，是人类对宇宙认识的一次重大突破。原来以为满天的星斗组成的银河系就是整个宇宙，现在看来，区区银河系仅仅是茫茫宇宙海洋中的一个小岛，在银河系以外与它类似的星系何止千千万万，人们心目中的宇宙大大地扩展了！

那么，如此众多的星系在宇宙中是怎么分布的呢？从整体上看，星系在宇宙空间中的分布是不均匀的。同我们已经讲过的恒星一样，它们也喜欢拉帮结伙、成群结队地在一起"生活"，"孤身一人"的星系只占少数。两个在一起的，科学家们称它们为双重星系；三个到十来个在一起的，叫多重星系；再多的星系嬉戏在一起的"团伙"就叫作星系群、星系团或超星系团。

星系"家庭"——双重星系和多重星系

两个彼此靠得很近，并且相互之间有联系的星系就是双重星系。它们像一对夫妻一样，不仅相互并蒂连枝，共同"生活"，而且互通有无，有物质的交换。多重星系则像一个个星系家庭，有许许多多的"兄弟姐妹"共同居住在一起。

我们都知道，麦哲伦是中世纪葡萄牙的一位大航海家，他对人类的航海事业做出了很大的贡献。我们不能忘记，这位伟大的航海家在被杀害之前，对天文学也做出了很大的贡献。

麦哲伦与麦哲伦星云

1519年10月，麦哲伦率领庞大的船队进入了南美洲南端的一个海峡（现在已命名为麦哲伦海峡），这位刚刚进入不惑之年的航海家忽然发现，在他的头顶上有两团相当明亮的云雾状的天体，麦哲伦立即对这两个天体进行了准确的记录和详细的描述。但是，令人遗憾的是，就是在这次航行中，麦哲伦和他带领的许多船员，在菲律宾被当地的土著人杀害了，最后回到欧洲的只有18个人，他们公布了麦哲伦的发现。后来，为了纪念这位伟大的航海家，人们按照这两个天体的大小分别叫作"大麦哲伦星云"和"小麦哲伦星云"。

现在研究证明，大、小麦哲伦星云都是两个庞大的河外星系，而且它们还是一对形影不离的"夫妻星系"。其中的大麦哲伦星云横跨两个星座，它在天空上的大小，看上去大约相当于200多个满月时的月亮。可惜它们的位置太靠南，我们居住在北半球的人们无法一睹它们的丰采。

大、小麦哲伦星云距离我们分别是16万光年和19万光年，不及仙女星系到我们距离的十分之一，对于星系而言，这点儿距离简直就是"一衣带水"的"近邻"了。所以科学家们认为，银河系和大、小麦哲伦星云以及1975年才发现的距离我们大约6万光年的比邻星系，共同组成了一个四重星系。

星系群和星系团

许多的星系聚集在一起就叫星系群或星系团。星系群与星系团之间没有严格的区别，它们都由许多的星系组成。不过，习惯上科学家们把包含的星系少于100个的称为星系群，而把100个以上的称为星系团。

我们的银河系与它周围的几十个星系组成的星系群叫作

本星系群。这个星系群的"成员"除了银河系、仙女座大星云、比邻星系之外，还有大、小麦哲伦星云，以及其他几十个小椭圆星系。

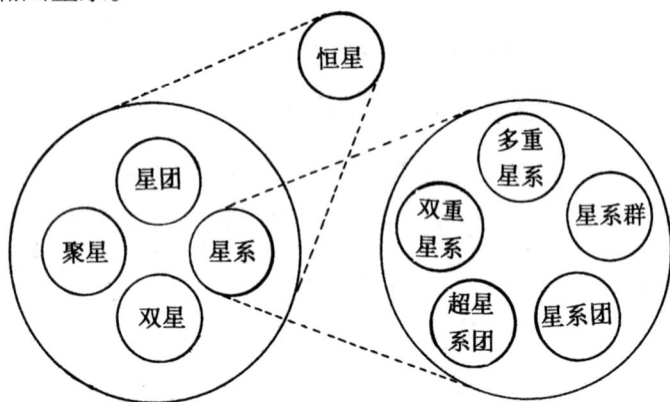

构成宇宙的基本单元

星系团一般含有几百到几千个大大小小的星系。距离我们最近的星系团，是室女座星系团，它里面大约有2 500个星系。

星系团、星系群组成的更大的星系"集团"叫超星系团。科学家们认为，银河系以及我们目前已经发现的较亮星系绝大多数同属于一个超星系团，这个超星系团叫作"本超星系团"。

由此看来，从单个的恒星开始，组成双星、聚星、星团、星系；而星系又组成了双重星系、多重星系、星系群、星系团、超星系团，宇宙真的是太大了！超星系团是不是会组成更大的"集团"呢？目前还没有观测到。有的科学家认为，星系"成团"有一个上限，因此，超星系团可能是最大的星系集团，到底是不是这样呢？还有待于科学家们的进一步观测、研究。

（六）"尾巴"与"烟圈儿"——星系之间的相互作用

在对星系进行观测的时候，科学家们发现：有些星系怪模怪样的，有的拖着一条长长的尾巴，有的却很像一个巨大的烟圈。这些星系为什么会是这样的形状呢？科学家们认为，这是星系之间相互作用的结果。

"拽"出来的"尾巴"

如果两个星系在运动过程中相互靠近，"擦肩而过"，这时两个星系强大的引力，就会把对方靠近自己一侧的数十亿颗恒星从原来的位置"拽"出来，这样整个星系的质量就会变小，星系对另一侧恒星的引力就会变小，这些恒星就会因为引力变小而被"丢下"，留在星系的后面，结果就会使星系长出一条长长的"尾巴"。

"撞"出来的"烟圈儿"

当一个小的星系和一个大的星系迎面"相撞"时，由于星系内部的恒星分布非常稀疏，"相撞"的两个星系就会相互"穿越而过"。然而，当两个星系互相穿过时，大星系中心的恒星数目会因为两个星系的叠加而增加，中心的引力就会骤然增大。这样大星系外围的恒星就会向中心"奔跑"，当这些外围的恒星快到达中心时，那位造访的小星系已经穿越而过，跑掉了，此时增加的引力也没有了，这时这些外围的恒星又会反弹回去，形成一个圆环。这样一"折腾"，就会促使星系中的星际物质坍缩，形成许多新的明亮的恒星，它们会使圆环更亮。于是，宇宙中美丽的"烟圈儿"——环状星系就产生了。

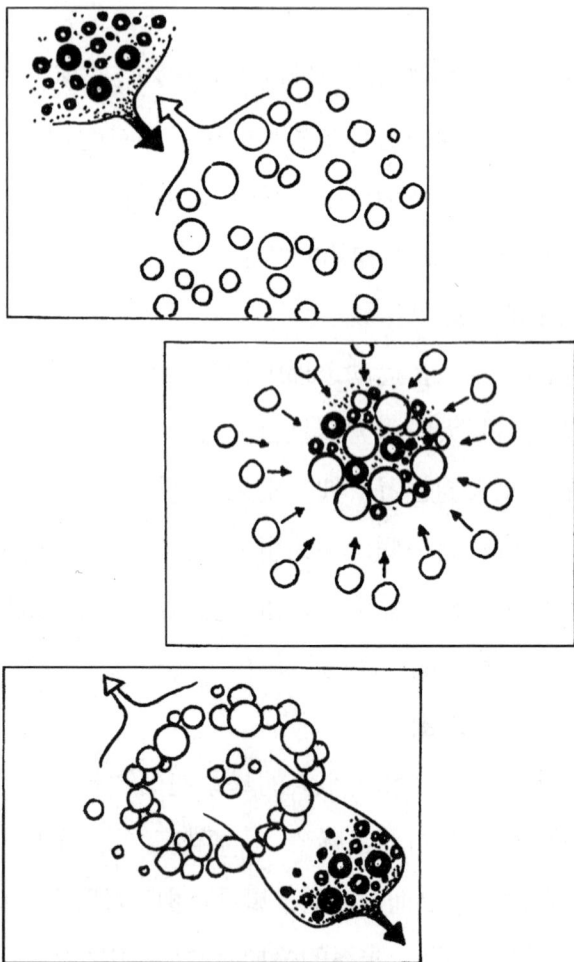

环状星系形成示意图